AF377385

La Vérité Scientifique

SA POURSUITE

Bibliothèque de Philosophie scientifique

EDMOND BOUTY

PROFESSEUR DE PHYSIQUE A LA SORBONNE

La Vérité Scientifique

SA POURSUITE

PARIS

ERNEST FLAMMARION, ÉDITEUR

26, RUE RACINE, 26

1908

La Vérité Scientifique

AVANT-PROPOS

Ce n'est qu'au prix d'un effort acharné et persévérant que l'esprit humain s'élève à la contemplation de la vérité scientifique.

La nécessité de subvenir à des besoins matériels urgents a dû absorber à peu près complètement l'activité des anciens hommes. A mesure que leur industrie naissante a rendu leur vie matérielle moins précaire, ils ont pu prêter une attention plus soutenue à observer les phénomènes du monde physique, à les décrire, à les interpréter conformément aux lois de leur intelligence. Ainsi s'est constitué peu à peu un fonds commun, un ensemble de connaissances que les générations se sont transmises en les modifiant, en les complétant. Ce trésor héréditaire est encore bien restreint, mais il paraît susceptible d'accroissements pour ainsi dire indéfinis.

1

Comment s'est constitué cet héritage, à travers quelles difficultés, au prix de quels efforts et de quels sacrifices ; quelle est sa valeur intrinsèque ; par quels moyens pouvons-nous espérer l'augmenter ; que peut, dans cette œuvre colossale, l'effort isolé d'un homme ; quel est le retentissement d'une découverte particulière sur le progrès général du savoir humain, telles sont les questions principales auxquelles je voudrais me persuader que je vais répondre, au moins partiellement.

Je ne me dissimule pas ce qu'une telle tentative a de follement ambitieux. Pour la poursuivre avec succès, il faudrait être en possession de l'universalité des connaissances acquises, et ce n'est sans doute pas en trois ou quatre centaines de pages qu'on épuiserait l'une quelconque des questions que je ne pourrai qu'effleurer.

Il y a un siècle ou deux, on rencontrait encore des hommes dont la compétence était presque universelle. Aujourd'hui, chacun a dû se spécialiser. Le savant se cantonne dans un coin étroit qui bientôt lui paraît immense. Il ne voit rien au-dessus et au delà de la science très particulière qu'il cultive. Elle lui paraît embrasser la totalité de la vérité accessible. Et, de fait, nous verrons que toutes les sciences sont solidaires, que leur pouvoir individuel d'extension est indéfini, qu'elles se pénètrent et se vivifient réciproquement.

L'auteur de ce livre n'espère pas échapper au

travers qu'il signale. S'il cherchait une excuse, il pourrait peut-être arguer de la position moyenne de la physique dans notre science actuelle. Confinant aux mathématiques, au développement desquelles ses progrès ont toujours été mêlés, elle trouve des applications dans toutes les sciences plus jeunes, et celles-ci paraissent pénétrer d'autant plus profondément leur objet, qu'elles empruntent davantage à ses résultats et à ses méthodes. Il y a sans doute là quelque erreur possible de perspective. Le lecteur sera prévenu que je m'en rends bien compte.

Cette étude confinera par bien des points à la philosophie et à l'histoire. Je ne pourrai me défendre d'incursions dans des domaines qui me sont peu familiers et je sais bien quelles bévues je suis exposé à commettre. Je n'ai pas cru devoir m'arrêter à ces scrupules.

Je ne me suis pas davantage attaché à éviter tout ce qui pourrait faire double emploi par rapport à tel ou tel chapitre des livres déjà parus dans cette collection. Je ne me suis préoccupé que d'être absolument sincère, et n'ai eu d'autre ambition que de demeurer scrupuleusement fidèle à l'esprit scientifique dont j'ai essayé d'étudier les développements successifs.

PREMIÈRE PARTIE

LA SCIENCE EN GÉNÉRAL

CHAPITRE I

Légitimité et valeur de la Science.

La poursuite de la vérité scientifique. — L'esprit et la matière.
— La vérité a-t-elle une existence en dehors de nous ? —
Est-elle éternelle ? — Y a-t-il, à proprement parler, une cer-
titude ? — La légitimité de la science.

La poursuite de la vérité scientifique semble devenir la grande affaire des temps modernes. Après
avoir été l'occupation et la joie d'une élite, elle se
répand et se vulgarise. Depuis qu'on s'est aperçu
que la Science dompte et réglemente les forces brutales de la nature, qu'elle les rend esclaves de
notre bon plaisir, que par elle l'industrie prospère,
les nations acquièrent la richesse et la puissance,
le très petit nombre de ceux qui cultivaient la
Science par dilettantisme s'est accru de la foule de

ceux qui cherchent à se l'assimiler dans un but utilitaire et pratique. Tout le monde aspire à savoir. Les gouvernements, les villes fondent ou dotent les Universités. Les étudiants qui les fréquentent ne sont plus seulement de futurs professionnels de la Science, ce sont encore plus souvent de futurs praticiens qui viennent y chercher la culture générale, sans laquelle les applications languissent et risquent de demeurer stationnaires. Tous les peuples civilisés rivalisent pour acquérir la primauté scientifique. Ils ont demandé à la Science les moyens les plus efficaces pour s'entredétruire, et ils s'aperçoivent que les nations sont solidaires pour la Science et par la Science ; qu'une même lumière les guide vers une destinée commune.

La poursuite de plus en plus acharnée de la vérité scientifique, le prix que l'on attache à ses moindres progrès, rendent presque oiseuse toute dissertation sur l'utilité de la Science, sur sa valeur pratique.

On est moins d'accord sur sa portée philosophique et morale. L'impatience naïve de savoir, qui pousse l'enfant à ses questions incessantes et lui fait accepter toutes les réponses, est aussi naturelle à l'homme. Sa curiosité n'a d'égale que son intolérance. Séduit par les merveilles de la Science, il en espère, il en exige ce qu'elle ne peut lui donner de suite, et il s'irrite si, renversant parfois de vieilles idoles, elle ne les remplace pas immédiatement par d'autres. C'est ainsi que par un malentendu étrange, on a pu parler, sans sourire, d'une faillite de la Science. Il importe donc de préciser dès le début ce que nous poursuivons, ce que nous devons légitimement espérer. Efforçons-nous surtout à ne pas nous laisser surprendre par les mots.

La Science est un produit de l'esprit humain, produit conforme aux lois de notre pensée et adapté au monde extérieur. Elle offre donc deux aspects, l'un subjectif, l'autre objectif, tous deux également nécessaires, car il nous est aussi impossible de changer quoi que ce soit aux lois de notre esprit qu'à celles du monde.

Nous nous voyons nous-mêmes, si l'on peut dire, par l'intérieur. Nous concevons le reste du monde par l'extérieur. Notre pensée est inséparable d'elle-même, et revêt par là à nos yeux un caractère d'unité, je dirai même de nécessité. Les diverses parties de l'Univers, y compris notre propre organisme, les divers aspects des choses, nous frappent diversement, successivement, et nous leur attribuons un caractère de multiplicité et de contingence. La pensée nous révèle continûment à nous-mêmes. Notre moi est l'invariant par rapport auquel nous apprécions les changements de forme, de position relative, de propriétés de tout ce qui nous environne. C'est un centre de référence.

L'opposition absolue qu'une certaine école établit, *à priori*, entre la nature de l'esprit et celle de la matière ne m'a jamais paru que l'expression, quelque peu simpliste, d'une opposition évidente entre la connaissance directe que nous avons de l'un et l'ignorance profonde dans laquelle nous restons par rapport à l'autre. Mon analyse ne me fera jamais pénétrer à l'intérieur d'une particule de matière, pas plus que dans la conscience d'autrui. Par position, nous semblons donc condamnés à ignorer s'il y a ou non quelque chose de commun entre notre moi et ce que peut être, par rapport à lui-même et non par rapport à nous, l'élément ultime de la matière ou de l'éther lumineux. Toute induction à ce sujet est prématurée, au point de vue scientifique, tant qu'il nous reste quelque chose à apprendre sur les propriétés extérieures de ces parties ultimes, et nous en ignorons presque tout.

Ce n'est que par une synthèse qu'il m'est possible de remonter à l'unité d'un être autre que moi-même et cet être est pour moi d'autant plus difficile à pénétrer qu'il s'écarte davantage du type auquel j'appartiens. J'attribue, par analogie, à tout homme, une intelligence, une personnalité comparable à la mienne. Mais quelle idée puis-je me faire de la personnalité d'un oursin, d'un microbe, d'une cellule végétale ?

Les limites mêmes de la vie sont indécises. La matière inerte devient de la matière vivante et inversement. Le nombre de consciences pareilles à la mienne dont je puis constater l'existence, varie sans cesse, comme celles des consciences plus rudimentaires. Nous pouvons, sous notre microscope assister à l'évolution d'un œuf, préciser l'instant de sa fécondation. Mais que savons-nous actuellement de la genèse d'une conscience ?

Ainsi la solution du premier problème relatif à la connaissance, celui de l'identité ou de l'opposition des deux termes que la sensation met en présence et du conflit desquels doit sortir la Science, se montre précisément le plus rebelle à une solution scientifique. Nous devons nous habituer à la lenteur de la marche de la Science. Après tant de siècles d'efforts, elle est encore impuissante à satisfaire notre curiosité sur bien des questions qui semblent nous toucher de très près, tandis qu'elle en éclaire vivement d'autres qui, au premier abord, paraîtront indifférentes au vulgaire.

Les lois de la pensée sont identiques pour tous les hommes. Quand j'ai défini un triangle rectiligne ou un cercle, les propriétés que je suis contraint de leur attribuer, de par la définition que j'en ai donnée, s'imposent avec la même nécessité à tout homme qui admet la même définition. Cette constatation de fait ne saurait ajouter grand'chose à ma conviction, car je puise cette conviction en moi-même et je ne saurais m'y soustraire, alors même que tous les hommes, d'une manière unanime, raisonneraient autrement. Il en résulterait simplement que leur raisonnement serait inintelligible pour moi, comme l'est effectivement celui d'un fou. Les hommes ne disputent ni sur un théorème de géométrie dûment démontré, ni sur un fait matériel qu'ils constatent tous dans des conditions identiques. S'ils ne réussissent pas toujours à s'entendre n'est-ce pas à cause de l'excessive complication des problèmes qu'ils se posent journellement, et de l'insuffisance extrême des données sur lesquelles ils prétendent appuyer leurs solutions? Sur chaque objet particulier qu'ils arrivent à définir sans ambiguïté, leur entente intellectuelle n'est pas seulement possible, elle est nécessaire, elle ne peut pas ne pas être unanime.

C'est ce que l'on exprime quelquefois en disant que la vérité existe en dehors de nous. Au reste, cette affirmation me paraît susceptible de plusieurs autres interprétations également légitimes.

En premier lieu, elle signifie que nous ne sommes pas libres de nous soustraire aux lois de notre propre intelligence.

Ces lois, communes à toute intelligence humaine, sont-elles aussi les lois qui présideraient au jugement de quelque intelligence que ce soit en dehors de l'humanité? Ce sont en tout cas les seules lois qui puissent nous faire conclure à une intelligence. La manifestation de toute loi de jugement différant essentiellement de-là nôtre serait, par là même, inintelligible pour nous. Les actes correspondants seraient qualifiés d'absurdes, et l'être qui les réaliserait habituellement serait considéré comme dépourvu d'intelligence.

Nous constatons aux divers degrés de l'échelle animale des actes que nous parvenons d'habitude à nous expliquer logiquement. Par exemple tous les animaux paraissent avoir le même sens que nous de la ligne droite. Les chenilles processionnaires se rangent et avancent en une file rigoureusement rectiligne, tant qu'elles ne rencontrent pas d'obstacle. Un serpent, conformé de telle sorte qu'il ne peut se déplacer sans décrire une ligne sinueuse, dirige l'axe de sa sinuosité vers le point qu'il veut atteindre. Les animaux au vol capricieux paraissent se livrer à une exploration ; ils fondent directement sur leur proie quand elle se trouve à leur portée. L'unité de plan que les naturalistes constatent dans le monde animal au point de vue des fonctions physiologiques ou des organes, paraît donc aussi exister au point de vue de ce qui, chez l'homme, se nomme l'intelligence.

Quand nous disons que la vérité existe en dehors de nous, nous pouvons aussi entendre par là que nos jugements, appliqués au monde extérieur, ont avec lui une relation de conformité. C'est ce que nul de nous ne songera, de bonne foi, à mettre en doute. Nous sommes adaptés au milieu dans lequel nous vivons, non seulement de telle sorte que notre vie matérielle s'y trouve possible, mais aussi notre vie intellectuelle. Pas plus que nos organes, notre jugement n'atteindrait son développement normal s'il y avait incompatibilité entre lui et les objets auxquels il s'applique ; si nos prévisions, fondées sur des observations certaines, nous conduisaient à des conclusions démenties par ces mêmes observations, ou par des observations similaires. Nous avons donc la conviction que le monde matériel a ses lois, que nous pouvons arriver à les connaitre ; qu'il est prisonnier de ces lois comme nous le sommes de notre jugement ; que la vérité nous enserre, lui et nous, en un même cercle infranchissable.

La légitimité de la science résulte de cette sorte de foi, à laquelle nous ne pouvons échapper plus qu'à nous-même et que l'expérience n'a jamais démentie.

Quand nous prévoyons un résultat que l'expérience ne confirme pas, nous finissons toujours par reconnaitre en quoi les observations sur lesquelles nous avions assis notre jugement étaient fautives ou incomplètes, à moins que ce ne fût notre raisonnement qui, par quelque point, était contraire à la saine logique. Dès que nous avons complété les observations ou rectifié les raisonnements, l'accord se trouve rétabli. Sur cette matière, la science est faite.

Mais la science, ainsi établie, a-t-elle une valeur absolue, indépendamment de nous ?

La réalité même du monde matériel est certainement indépendante de nos yeux qui la voient, de nos mains qui la touchent, de notre pensée qui la conçoit. De bonne foi, nous ne pouvons douter que l'objet de la science existe en dehors de nous.

Une intelligence semblable à la nôtre, mais

attachée à des sens que nous pouvons concevoir différents, percevrait directement des faits qui nous échappent ou dont nous n'avons qu'une connaissance indirecte. Réciproquement, certains faits, pour nous vulgaires, pourraient se trouver hors de sa portée. Ainsi, nous pouvons imaginer une humanité aveugle et sourde, mais douée d'un sens direct pour l'électricité. Nous la placerons dans quelque planète d'un système stellaire, où peuvent se trouver réunies les conditions favorables à son développement. La science de ces similhommes et notre science, produits d'une même raison, diversement affectée, se compléteraient au lieu de se contredire. Le développement historique des deux sciences n'aurait sans doute que bien peu de points communs; mais là où les objets étudiés coincideraient, les conclusions seraient identiques. Imaginons que nos similhommes soient en mesure de définir la pression et le volume d'un gaz et en possession de quelque méthode pour les mesurer, la loi de Mariotte serait vérifiée par eux dans les limites mêmes où nous la trouvons exacte.

En ce sens on a bien le droit de dire que la vérité réside dans les choses. Mais raisonner de ce que peut être la vérité pour une intelligence différente de la nôtre, c'est-à-dire telle que les lois de notre raison n'existeraient pas pour elle, c'est essayer de sortir du cercle où cette raison nous enferme; c'est un pur non sens.

La vérité scientifique établie à un moment donné est-elle indéfiniment durable? Est-elle susceptible de modifications au cours des âges ? C'est demander à la fois si la raison humaine et si les lois de la nature sont immuables.

Ces questions sont, à un certain degré, justiciables de l'histoire et de la géographie.

La géométrie des Grecs est parfaitement d'accord avec la nôtre. Les plus anciens documents écrits qui sont parvenus jusqu'à nous, nous sont demeurés intelligibles. Il ne semble donc pas que la raison humaine ait éprouvé aucune modification appréciable depuis les temps les plus reculés. Nous savons avec quelle facilité les Japonais, par exemple, se sont assimilé notre science actuelle. Leur raison est donc identique à la nôtre. La raison n'est une affaire ni d'époque, ni de race.

En ce qui concerne le monde, il est sujet à des changements dont nous sommes tous les jours témoins. Mais ces changements ne semblent pas porter la plus légère atteinte aux lois établies de la physique. On objectera que notre science est singulièrement jeune par rapport à l'univers; que si les lois physiques varient avec le temps, ces variations seraient sans doute extrêmement lentes et pourraient bien passer inaperçues pendant des milliers d'années. Je le veux bien. Admettons que la loi de Newton subira quelque altération au cours des siècles, que la matière vieillie ne manifestera pour elle-même qu'une attraction de plus en plus faible et sénile. Quand on s'en apercevra, ce sera là un fait scientifique de la plus haute importance, une mine de découvertes nouvelles. Cela n'empêchera que, vers le vingtième siècle de notre ère, cette attraction ne s'exerçât en raison inverse du carré de la distance et avec une intensité dont nous avons la mesure. La science actuelle ne serait pas démentie. Elle se serait enrichie et complétée, voilà tout.

Ainsi toute conquête de la science est définitive. Mais à quel caractère reconnaitrons-nous que, sur un point déterminé, nous sommes bien réellement en possession de la vérité scientifique, que nous ne sommes pas victimes d'une illusion, comme il s'en est tant produites antérieurement. En d'autres termes, la certitude que nous croyons posséder est-elle une garantie suffisante contre l'erreur ? Cela vaut la peine d'être examiné.

Bornons-nous tout d'abord à une pure constatation de fait. Je suis sûr d'avoir remis cette feuille manuscrite à l'imprimerie. Les circonstances de ce fait insignifiant se présentent à mon souvenir avec une netteté surprenante. Je me vois encore tenant mon papier à la main et le remettant au compositeur. Je vous dirai le jour et l'heure, et dix autres détails non moins précis. Je retrouve cependant la feuille manuscrite chez moi. Je me souviens alors qu'au moment de la remettre j'ai brusquement été rappelé ailleurs, et il faut bien admettre que j'ai repris mon papier, que je l'ai ensuite, par habitude, glissé à sa place ordinaire. J'ai gardé le souvenir d'un fait volontaire et prémédité, j'ai perdu celui d'autres faits purement instinctifs. J'avais la certitude ; je la fondais sur une série de faits certainement vrais. J'étais pourtant dans l'erreur.

Passons maintenant à une affirmation d'ordre scientifique, mieux encore, purement mathématique. Dans les calculs de l'astronomie, exclusivement fondés sur la loi de Newton, on fait usage, depuis Laplace, de développements en série qui donnent des valeurs de plus en plus approchées de quantités qu'on ne sait pas calculer d'un seul coup. Pour que ces calculs soient adaptés à leur fin, il faut que les séries soient convergentes, c'est-à-dire qu'à mesure que l'on prend un plus grand nombre de termes de l'une de ces séries, la valeur obtenue pour leur somme se rapproche asymptotiquement d'une grandeur bien déterminée Or, M. Poincaré a montré que, dans certains cas où en a fait usage, les séries étaient divergentes. La confiance des astronomes dans la convergence nécessaire de leurs séries était mal fondée. Des conclusions qui, à un moment donné, ont été tenues pour certaines, étaient fausses. Comme l'inexactitude n'affectait que des éléments astronomiques à variation très lente, on pouvait, sans le génie de M. Poincaré, demeurer longtemps encore dans l'erreur. On aurait cependant été conduit tôt ou tard à la reconnaître par quelque défaut manifeste de concordance entre les prévisions astronomiques fondées sur ces calculs et les résultats de l'observation.

Une longue expérience prouve donc avec quelle facilité nous pouvons nous laisser prendre à des apparences, même dans le domaine, réputé si sûr, de la vérité mathématique. Ici, en effet, rien que des définitions, au fond, tout à fait arbitraires, pourvu qu'elles soient cohérentes entre elles. Aucun esprit assez ferme ne se refusera à accepter un théorème qu'on lui démontre en partant de prémisses qu'il admet. Mais la conformité même de nos intelligences nous laisse sujets à tomber tous dans la même erreur, tant qu'elle n'a pas été dévoilée. D'excellents mathématiciens avaient cru à la convergence nécessaire des séries employées en astronomie. Mais aucun d'eux, après la découverte de M. Poincaré, n'hésitera à reconnaître qu'il se trompait.

Ainsi notre conviction, même raisonnée, n'est pas une garantie suffisante. Sans doute, les chances d'erreur nous paraissent moindres si notre conviction est partagée par un grand nombre de bons esprits ; non que leur adhésion puisse ajouter quelque chose à la rigueur d'une démonstration, mais parce que tous n'ayant pas reçu une éducation identique, et chacun ayant, à son acquit, un bagage scientifique différemment composé et des habitudes d'esprit diverses, une objection qui nous a échappé peut surgir dans leur esprit, et leur permettre de démêler l'erreur cachée d'une conclusion trop générale ou trop particulière. Et comme l'originalité et le génie sont rares, beaucoup d'adhésions demeureront sans grande valeur, car elles ne feront que reproduire à peu près les circonstances de la nôtre.

Et de la sorte, telle affirmation particulière qui passe aujourd'hui pour vraie sera demain reconnue fausse.

Quels que soient nos efforts, l'erreur et la vérité voisineront toujours, se superposeront partiellement dans un domaine d'ailleurs de plus en plus étroit. La certitude absolue est quelque chose d'asymptotique, d'inaccessible non seulement à un homme isolé, mais à l'humanité même considérée dans son ensemble. Toutefois, quand j'affirme que, dans l'hypothèse d'Euclide (que deux perpendiculaires à une droite situées dans un même plan ne peuvent se rencontrer) la somme des trois angles d'un triangle rectiligne est égale à deux droits, l'extrême simplicité du raisonnement, l'adhésion universelle des mathématiciens, le nombre immense des conséquences qu'on a déduites de cette proposition, sans que jamais il en soit résulté une contradiction évidente, rendent ma confiance, par rapport à ce théorème, aussi parfaite qu'il est possible. Mon esprit s'y repose comme dans une certitude absolue.

Si j'analyse les motifs de cette confiance, je trouve, à coup sûr qu'elle se fonde sur le pur raisonnement. Mais elle se confirme par un mécanisme asséz analogue à celui de l'expérience. Et ainsi une certitude d'origine mathématique devient, par un côté, comparable à une certitude d'origine physique, comme ma certitude qu'un objet non soutenu tombera à terre. Dans ce dernier cas, point de définitions *à priori* d'où je tire une conclusion certaine, mais une observation si souvent répétée par moi et par d'autres que, malgré mon ignorance absolue de la nature intime de la gravitation, rien ne peut altérer ma confiance dans le résultat. Ici c'est l'expérience qui est à la base de ma conviction, bien que, par un côté, le raisonnement intervienne aussi, car c'est le raisonnement qui m'assure de l'analogie étroite existant entre le cas de l'objet non soutenu que je considère, et les innombrables expériences sur la gravité exécutées jusqu'à ce jour.

Nos distinctions, plus ou moins subtiles, ne peuvent dédoubler l'homme. Dans toute certitude le raisonnement et l'expérience entrent pour une part variable, suivant les cas; mais il n'y a pas plus de certitude réelle sans raisonnement que sans expérience préalable. Ni le raisonnement, ni l'expérience complètement isolés ne peuvent la produire.

Notre science est comme une collection de fruits infiniment précieux, mais non absolument imputrescibles. Il y en a toujours quelques-uns qui n'arriveront pas intacts à la maturité.

Considérée en bloc, la science a pourtant dans ses bases et ses développements successifs quelque chose d'aussi durable que le monde qu'elle interprète et que la raison humaine qu'elle réfléchit. L'extinction même de notre espèce, en arrêtant la marche de la science, ne détruirait que l'un des deux termes, la pensée. L'autre terme subsisterait sans modification et les mêmes lois continueraient à régir le monde. Le spectacle se déroulerait dans des conditions identiques : il ne manquerait que les spectateurs.

CHAPITRE II

La marche de la Science.

L'objet de la recherche scientifique. — La science consiste en
un ensemble de relations. — Trois degrés divers dans la
science. — Notre ignorance du mécanisme ultime des choses.
— Tout lien une fois établi est définitif. — L'unité de la
science. — L'imprévu de ses progrès. — Les progrès de la
science seront-ils indéfinis ? — Les limites de la science.

L'objet de la recherche scientifique est l'ensemble
de tout ce qui est. La Science aspire à embrasser
l'entière connaissance du monde, y compris celle de
notre propre organisme et même celle de notre
pensée en tant que celle-ci est capable de se replier
sur elle-même pour s'analyser. Rien de ce qui est
susceptible d'entrer en relation avec nous n'est
étranger à son domaine. Il est impossible, *à priori*,
de lui assigner des limites.

Un objet quelconque, dès que nous le distinguons
des autres, manifeste avec nous même et avec le
reste du monde des relations qu'il s'agit d'étudier et
de fixer. Il n'y a d'ailleurs d'autres relations intéressantes pour la Science que celles qui se reproduisent

nécessairement dans des conditions qu'il nous est possible de préciser.

La Science procède donc par analyse sur des faits concrets qu'elle simplifie, en ne conservant que les circonstances qui lui paraissent essentielles, caractéristiques. Ces circonstances doivent être spécifiées sans ambiguïté. Ainsi je prends pour objet de mon étude l'éclairement d'une surface plane par une source lumineuse de petites dimensions. Voilà des éléments abstraits bien définis. La surface éclairée peut être celle d'une feuille de papier ou d'un mur peint à la chaux. Parmi toutes les manières d'être du papier ou de la muraille je ne porte mon attention que sur l'éclairement reçu. La source lumineuse est une bougie à moins que ce ne soit un ver luisant. Dans la bougie ou dans l'insecte je ne veux prendre en considération que la propriété d'éclairer.

Je constate maintenant que, dans tous les cas, l'éclairement diminue quand la distance de la surface éclairée à la source lumineuse augmente. Voilà une relation qualitative. C'est le premier degré de la Science.

Mais il se peut que les propriétés prises en considération soient susceptibles d'être caractérisées par des nombres, d'être mesurées. Je définirai deux éclairements égaux par la condition que ma vue soit impuissante à distinguer l'un des éclairements de l'autre. Je dirai de plus que deux sources lumineuses ont des intensités égales quand, placées à la même distance d'une même surface, elles produisent des éclairements égaux. Je conviendrai enfin que l'éclairement produit par deux sources égales, que je juxtapose, sera dit double de l'éclairement produit par une seule des deux sources et que, si une source unique éclaire comme les deux autres ensemble, son intensité sera double. Grâce à ces définitions, qui se trouvent parfaitement cohérentes avec les faits, je pourrai dire, je suppose, qu'une bougie équivaut à n vers luisants, ce qui ne signifiera pas que, dans mon esprit, j'établisse la moindre analogie entre des vers luisants et une bougie, en dehors de la seule propriété d'éclairer également une feuille de papier à la même distance. Mais j'ai réussi à caractériser l'intensité d'une source lumineuse et un éclairement par des nombres, et cela était indispensable pour aller plus loin.

Je suis désormais en mesure d'étudier comment varie l'éclairement d'une surface plane avec sa distance à la source : je trouverai que l'éclairement varie en raison inverse du carré de cette distance. J'ai remplacé la relation purement qualitative constatée au premier degré par une relation quantitative. C'est le second degré de la Science.

Arrivé à cette hauteur de savoir, je suis en mesure de faire varier dans tel rapport qu'il me plaira l'éclairement reçu de sources lumineuses dont je dispose. Je puis vendre et tarifer équitablement de la lumière.

Je puis surtout partir de là pour aller plus avant

dans mon étude, par exemple déterminer dans quel rapport l'interposition d'un corps dit transparent, comme de l'eau ou du verre, affaiblira l'intensité lumineuse reçue d'une source constante ; quelles modifications d'intensité accompagnent la réflexion sur un miroir opaque, suivant sa nature et suivant l'angle d'incidence; comment l'intensité lumineuse se partage entre les ondes réfléchies et réfractées ; ou bien encore comment varie l'intensité de la lumière émise par un bec de gaz avec le débit mesuré au compteur, ou celle d'une lampe à incandescence avec l'intensité du courant électrique qui la traverse. J'accumulerai ainsi des connaissances nombreuses relatives à des propriétés extrêmement variées de la matière. L'industrie et la Science pure en bénéficieront également.

Peut-on aller plus loin ? Sans doute. Nous constaterons que, dans des conditions spéciales, en superposant par exemple les faisceaux provenant d'une source lumineuse très étroite et réfléchis par deux miroirs très peu inclinés l'un sur l'autre, l'addition de ces deux lumières égales produit aux différents points de la région commune aux deux faisceaux un éclairement très inégal.

L'aspect du champ de superposition est celui d'une série de bandes étroites, alternativement brillantes et obscures, dont l'éclairement varie régulièrement de 0 jusqu'à quatre fois l'éclairement produit par un seul des faisceaux. Ainsi, bien qu'en moyenne l'éclairement résultant soit bien le double de celui que produirait un faisceau unique, cet éclairement est très inégalement réparti. On interprète cet étrange résultat en supposant que la lumière résulte de vibrations. On sait, en effet, qu'en se superposant deux mouvements vibratoires peuvent produire soit le repos complet soit un mouvement vibratoire exagéré jusqu'à une intensité quadruple, suivant qu'aux différents points de l'espace les deux vibrations égales arrivent dans une phase de concordance parfaite ou de discordance absolue.

Cette hypothèse des vibrations lumineuses se trouve parfaitement cohérente et en harmonie avec l'ensemble de tout ce que nous savons aujourd'hui sur la lumière. Nous voilà parvenus à un troisième degré, beaucoup plus élevé de la Science. Des relations numériques, purement empiriques, que nous possédions au second degré, nous nous sommes élevés, à la faveur d'une hypothèse, à une théorie d'une généralité extrême qui, résumant pour nous tous les phénomènes lumineux, fait en outre rentrer dans une même catégorie, encore plus générale, les phénomènes de l'acoustique et ceux de l'optique.

Pouvons-nous au moins nous flatter que nous possédons le mécanisme ultime, que notre analyse est arrivée à son terme? Hélas non. Sans doute il est désormais impossible de nier que les phénomènes lumineux consistent en vibrations. Ceci est incontestable, définitif. Mais quel est le support des vibrations lumineuses ? Un milieu, l'éther, que nous sommes obligés de créer tout exprès, en lui attribuant des propriétés sans grande analogie avec celles des milieux élastiques ordinaires. Ces milieux sont pesants : l'éther n'est pas soumis à la gravité ; ces milieux sont tous aptes à transmettre des vibrations longitudinales, l'éther ne transmet exclusivement que des vibrations transversales, et cette propriété le rapprocherait plutôt des solides que des gaz. La rapidité de la transmission des ondes éthérées, leur fréquence sont prodigieusement grandes en comparaison de celles que nous savons mécaniquement produire. Tout cela est bien étrange ; c'est une sorte de défi porté à notre imagination. Cependant on n'aperçoit aucune contradiction dans l'énoncé de ces propriétés surprenantes. L'éther lumineux est plausible. Il comble un vide qu'il fallait bien remplir de quelque manière. Mais est-il réel ? Ce milieu vibrant ne sera-t-il jamais analysé, démonté, si je puis dire, en éléments plus simples, dont les propriétés élémentaires auraient pour résultante les propriétés que nous sommes conduits à attribuer à l'éther ? C'est ce qu'il est impossible de dire.

Nous sommes, par rapport au mécanisme ultime des choses, dans la situation d'un ouvrier à l'égard d'une machine dont certains organes sont seuls apparents ; le reste se trouve placé dans un local inaccessible, ou du moins dans lequel l'ouvrier n'a pas le moyen d'entrer.

L'ouvrier constate, je suppose, qu'une tige est animée d'un mouvement de va et vient et qu'il en résulte qu'une roue tourne. En effet, chaque fois que la tige accomplit un mouvement entier de va et vient, la roue accomplit un tour complet, et, réciproquement, si l'on essaie de faire tourner la roue, la tige se met à osciller. Quel est le mécanisme ? Il est assez naturel de supposer que l'organe intermédiaire est une bielle articulée d'une part sur la tige, de l'autre sur une manivelle fixée à la roue. C'est une solution simple. Mais dans la réalité il y a peut-être en outre un balancier et un parallélogramme de Watt, peut-être aussi toute une série de transmissions hydrauliques, électriques, de roues, d'engrenages et de courroies, le tout étant adapté pour remplir, à l'extérieur, le même office qu'une simple bielle. Comment le savoir si l'on ne peut pénétrer dans le local interdit et démonter la machine ?

Qu'importe du reste, tant que la machine fonctionne bien ? Si elle se détraque, la façon dont elle se comportera alors permettra sans doute de préciser plus ou moins la nature de l'organe endommagé. Une observation attentive et prolongée des accidents survenus à la machine pourra donc renseigner l'ouvrier intelligent, lui faire deviner successivement tel ou tel engin de transmission.

Il en est ainsi pour les phénomènes de la nature. Tout mécanisme intermédiaire qui ne pourrait être dévoilé par quelque variation des phénomènes à notre portée serait, pour nous, inexistant. Convenons d'ailleurs qu'il serait étrange que dans la multiplicité des circonstances qui se trouvent accidentellement réalisées dans la nature ou que nous faisons naître dans nos expériences, un organe d'un complexe quelconque ne se révélât jamais par aucun phénomène accessoire. Dès que cela se produira, cet organe deviendra objet de science. Sa découverte ajoutant à l'ensemble de nos connaissances, ne fera d'ailleurs disparaître aucune des relations précédemment acquises.

Prenons un exemple. Jusque dans ces derniers temps, la notion de la molécule et celle de l'atome avaient suffi aux chimistes pour interpréter toutes leurs réactions. L'atome était-il simple ou complexe ? Pascal observait déjà que c'était peut-être tout un monde. Mais jusque-là ce monde semblait sans relation avec nous. La question de la complexité de l'atome ne se posait pas scientifiquement.

Arrive la découverte des rayons cathodiques. L'étude de leurs propriétés conduit à la considération de masses matérielles mille fois plus petites que celles qui se trouvent associées à la même charge électrique dans l'électrolyse. On se trouve en présence de faits nouveaux, incompatibles avec la simplicité primitivement attribuée à l'atome. Désormais l'atome devient donc le monde rêvé par Pascal. Un champ aussi nouveau qu'il paraît immense se trouve ouvert à la Science sans que pour cela une seule des lois antérieurement établies, ait eu à subir le plus léger changement. Un rouage de la machine s'est cassé. On a vu, dès lors, que c'était un rouage.

Nous ne saurions trop insister sur ce fait qu'une relation scientifique, une fois établie expérimentalement, subsiste quel que soit le sort des hypothèses par lesquelles on l'a d'abord interprétée.

Certains phénomènes chimiques, ceux de l'oxydation et de la désoxydation, avaient été étudiés et rapprochés entre eux bien avant la découverte de l'oxygène. Stahl, précisant des idées déjà confusément émises par Becker, observe qu'un corps, en s'oxydant, produit souvent de la flamme, en tout cas dégage de la chaleur. Il conçoit donc le phénomène de l'oxydation comme une décomposition, dans laquelle le corps qui s'oxyde dégage une certaine quantité de la matière du feu, le *phlogistique*. Réciproquement, pour désoxyder un corps, Stahl reconnaît qu'il faut, d'une manière directe ou indirecte, lui restituer de la chaleur, et, pour lui, c'est le phlogistique qui pénètre de nouveau dans le corps et s'y combine. En elle-même la remarque était très juste, profonde même, et la réciprocité des deux sortes de phénomènes, déphlogistication et phlogistication, était parfaitement réelle.

La théorie de Stahl se montra féconde : elle fut pendant plus d'un demi-siècle adoptée par tous les

chimistes et devint un instrument de découverte.
Mais voilà que Lavoisier introduit, dans les laboratoires de chimie, la balance. Il montre que, loin
de perdre de la matière, un corps augmente de
poids en se déphlogistiquant, tandis qu'il perd un
poids égal en se phlogistiquant. Bientôt Priestley,
en découvrant et caractérisant l'oxygène, fournit à
Lavoisier l'élément véritable, l'agent essentiel qui,
dans la théorie nouvelle, jouera le rôle inverse du
phlogistique. Désormais il sembla ridicule de recourir à un élément dont le poids eût été négatif.
La théorie du phlogistique était bien morte. Mais
les phénomènes qu'elle avait liés demeuraient liés.
Au lieu de déphlogistication, on dira désormais
oxydation, et au lieu de phlogistication, désoxydation. Rien autre chose ne sera changé.

Au reste, la théorie de Stahl n'est-elle pas, en
quelque sorte, ressuscitée, sous les traits rajeunis
d'une nouvelle science, la thermochimie ? Ce n'est
plus la matière du feu qui est dégagée ou absorbée
dans les réactions chimiques, mais bien une quantité de chaleur et par conséquent d'énergie si parfaitement caractéristique qu'il importe peu que la
réaction ait lieu en un ou plusieurs temps, d'une
manière directe ou indirecte. Il suffit que l'état
initial et l'état final coïncident et qu'au cours des
opérations il n'y ait pas eu de travail mécanique
absorbé ou produit à l'extérieur. La quantité
d'énergie évaluée demeure invariable.

De telles transformations ou résurrections ne sont
pas rares dans la science, car une théorie n'a pu
séduire et se faire accepter à un moment donné, si
elle ne renferme une part de vérité. Lavoisier et
ses successeurs directs attachèrent une importance
prépondérante au poids des substances réagissantes
ou si l'on veut à la composition moléculaire. Stahl
et les modernes thermochimistes s'attachent à la
chaleur dégagée, c'est-à-dire au point de vue énergétique. Les deux manières de concevoir une même
réaction se complètent et ne se contredisent pas.

Au reste, telle est la complication de la plupart
des phénomènes et la variété des points de vue
sous lesquels on peut les envisager que chaque
expérience particulière semble offrir à notre esprit
un champ d'études illimité. La nécessité de classer
les connaissances acquises a conduit les savants,
nos devanciers, à les réunir sous un petit nombre
de titres très généraux, ou de corps de sciences.
Mais cette diversité d'étiquettes ne doit pas nous
faire perdre de vue l'unité réelle des choses.

Voici un morceau de bois qui brûle. C'est un
spectacle si commun que l'on ne daigne guère s'y
arrêter. J'y vois cependant une mine de recherches
inépuisable. Je puis d'abord me préoccuper des
produits de la combustion : vapeur d'eau, oxyde de
carbone, anhydride carbonique, cendres. Dans les
cendres, je découvre des sels de potasse, de
chaux, etc. Je puis analyser séparément tous ces

corps, étudier leurs diverses réactions, leur chaleur de formation. Il est bien naturel de chercher ce qui arrivera si je change quelque chose aux conditions habituellement réalisées, par exemple si je chauffe le bois en vase clos, à l'abri de l'action de l'oxygène. Je découvre ainsi toute une série de corps nouveaux, le vinaigre et l'alcool de bois, un gaz d'éclairage que je puis recueillir, des carbures pyrogénés liquides, etc. Je puis, en outre, me préoccuper de la lumière émise, étudier son spectre, l'absorption exercée sur cette lumière par diverses substances, l'action d'un champ magnétique sur la flamme, sa conductibilité électrique, la vitesse des ions qu'on y a récemment découverts, bref, recommencer à ce propos toute l'étude de la physique et de la chimie. L'examen du morceau de bois lui-même m'ouvre le champ de la botanique, et si j'y regarde d'assez près, par les insectes vivants ou morts dont je trouverai les traces sous l'écorce, la zoologie et de proche en proche tout le savoir humain. Ce morceau de bois qui brûle est une sorte de microcosme dans lequel, comme en un petit miroir sphérique, se reflète l'univers entier : tout le connu et l'inconnu.

Quand un de nos lointains ancêtres, par industrie ou par fortune, parvint à enflammer du bois, il ne vit sans doute dans la flamme jaillissante qu'un adjuvant pour sa pauvre existence. Il l'a employée à se réchauffer, à cuire les aliments qu'il dévorait auparavant tout crus. La curiosité d'y regarder de plus près n'a pu venir que beaucoup plus tard. Nos descendants les plus éloignés auront sans doute l'occasion d'y revenir : ils y trouveront peut-être la clé de bien des mystères que nous ne soupçonnons pas. Quand ils connaîtront à fond le morceau de bois qui brûle, si tant est que jamais ils y arrivent, ils auront vraiment ravi la flamme aux dieux. Le rêve de Prométhée sera accompli.

La marche que suit la science dans son développement est en apparence très capricieuse, ce qui tient peut-être à l'arbitraire de nos classifications. Les problèmes nouveaux surgissent à l'improviste ; des problèmes très anciennement posés ne reçoivent qu'une solution imparfaite et tardive. Du jour où l'on a inventé les ballons on a voulu conquérir la voie aérienne pour les communications courantes et ce n'est que d'hier, à plus d'un siècle de distance, que le problème de la direction des ballons a reçu un commencement de solution efficace.

Nous sommes renseignés sur les matériaux qui forment l'atmosphère du soleil, et, à partir de quelques kilomètres de profondeur, la constitution et l'état de la croûte terrestre nous échappent. Notre ignorance au sujet des orages est presque complète, impuissants que nous sommes à prédire, même vaguement, les points où la pluie tombera. Nous dépensons cent mille francs pour observer une éclipse, et un simple brouillard, dont le mètre cube ne pèse pas un décigramme, suffit à paralyser nos efforts. Mais si, dans ce cas, quelques grammes d'eau nous arrêtent, nous correspondons sans peine à l'aide de la télégraphie sans fil, d'une rive à l'autre de l'Atlantique, et nous entendons au téléphone la voix d'un ami placé à deux cents lieues. On peut s'amuser à accumuler ces contrastes. Toutefois, ne l'oublions pas, l'impossible d'aujourd'hui ne sera peut-être demain qu'un simple jeu pour la science.

La plus mince découverte a des répercussions imprévues. D'autres qui ont plus d'éclat demeurent longtemps stériles. Pourquoi ? Impossible à un savant de prévoir les gros obstacles que rencontrera peut-être une recherche d'abord jugée facile. Il est encore plus malaisé d'apprécier la portée réelle des travaux d'un homme vivant. En littérature cela s'appelle faire l'œuvre de la postérité et l'on sait ce qui en advient.

Depuis trois ou quatre siècles, la marche de la science a été de plus en plus rapide. Cette progression continuera-t-elle indéfiniment ? C'est peu vraisemblable. Je vois même bien des raisons pour qu'elle finisse par se ralentir.

A priori le progrès de la Science peut être ralenti ou arrêté :

1° Par le défaut de matière ;

2° Par l'insuffisance des moyens matériels dont on disposera ;

3° Par l'insuffisance de la vie et des forces humaines ;

4° Par quelque cataclysme physique ou social qui ramène la barbarie.

Examinons succinctement ces divers point de vue.

I. La matière de la Science paraît indéfinie : telle est du moins l'opinion régnante. Cette manière de voir ne semble d'ailleurs avoir été ni toujours, ni universellement admise. Un savant illustre, parlant de la physique il y a quarante ans à peine, a pu écrire de bonne foi que cette belle Science touchait sans doute à son terme, et telle était bien l'opinion moyenne des physiciens, frappés de la beauté, de la généralité de quelques théories, surtout de celles de l'optique. Ainsi, dans une plaine, la terre paraît limitée à un horizon de quelques kilomètres. Les progrès imprévus qui ont marqué le dernier quart du xixe siècle ont été comme une colline rencontrée en route. Du sommet, l'horizon accessible a paru singulièrement s'élargir. Aussi sommes-nous frappés de la multitude des questions que soulève la solution de chaque nouveau problème expérimental. Il y a peut-être un mirage là aussi. Mais, comme nous sommes très loin de la limite, s'il y en a une, nous imiterons le physicien qui substitue dans ses formules l'infini pour une quantité très grande par rapport aux plus grandes qu'il peut atteindre.

S'agit-il de chimie ? Le nombre des corps simples paraît très limité, bien qu'en somme on en découvre assez souvent de nouveaux. Admettons, ce qui est loin d'être démontré, qu'on en connaît la majeure partie. Le nombre des combinaisons que ces corps peuvent contracter est, à coup sûr, prodigieusement grand. L'exemple de la chimie organique, où l'on n'a guère à considérer que les combinaisons du carbone, de l'hydrogène, de l'oxygène et de l'azote, est assez probant à cet égard. Parmi les corps ainsi étudiés, bien peu ont été rencontrés dans la nature ; ils n'auraient peut-être jamais existé sans l'intervention de l'homme. On en crée aujourd'hui tant qu'on veut.

Or, de nos jours, l'atome, qui jusque-là avait été le terme extrême de l'analyse, a été dissocié en ions. Qu'est-ce qui prouve que, par leur moyen, ou autrement, le chimiste n'arrivera pas à réaliser ce rêve antique, la transmutation des métaux, qu'il ne réussira pas à créer de nouveaux corps simples, non réalisés dans la nature ?

Le terme de la recherche chimique doit encore être bien éloigné, puisque la composition d'un corps étant donnée, nous ne savons encore prévoir qu'un très petit nombre de ses propriétés. Si la Science du chimiste était adéquate à son objet, ne devrait-il pas les deviner toutes ?

II. Nos moyens d'action sont singulièrement limités. La nature nous oppose un obstacle d'autant plus efficace que nous essayons de placer la matière dans des conditions plus éloignées de celles qui se trouvent réalisées autour de nous. Un gaz se comprime d'abord proportionnellement à la pression exercée, puis de moins en moins. Enfin il se liquéfie et finit par résister de telle sorte que, si nous insistons, nous ne tardons pas à épuiser la rigidité des enveloppes solides. Il n'en est pas que la réaction du liquide ne finisse par déchirer.

Si nous élevons ou si nous abaissons la température d'un corps, les fuites de chaleur croissent d'autant plus vite que nous sommes plus loin de la température ambiante. La dépense d'une quantité indéfinie de chaleur finirait par être le prix exorbitant d'une nouvelle et très petite élévation de température.

On ne peut accroître la vitesse d'un train de chemin de fer sans assurer à la voie une stabilité de plus en plus grande. La résistance des matériaux dont on peut la former, celle des organes de la locomotive, imposent une limite. D'ailleurs la puissance à dépenser, par conséquent le prix de la vitesse, croissent en même temps dans une proportion démesurée.

Employons-nous le courant électrique, le fer se sature, les fils conducteurs s'échauffent et fondent, les sources électriques surmenées se refusent à fournir l'énormité du débit exigé.

Ainsi, quel que soit le but poursuivi, les progrès coûtent de plus en plus cher. La déperdition de temps, d'efforts, de puissance intellectuelle et mécanique deviendra telle qu'un homme isolé se trouvera impuissant, quelque génie, quelque opiniâtreté, quelque fortune qu'on lui supose. Les Sociétés industrielles ou savantes, les gouvernements interviendront pour fournir à la consommation croissante de capitaux et d'hommes. On peut pourtant imaginer qu'un jour l'humanité, prise en bloc, n'avance plus sensiblement.

III. A mesure que les limites du savoir humain reculent, que la masse des connaissances acquises devient plus imposante, le savoir qu'un homme peut pratiquement acquérir est une partie de plus en plus minime de l'ensemble. On dira, non sans raison, que les progrès de la pédagogie pallient beaucoup cet inconvénient. Une seule notion d'un caractère général en supplée un grand nombre d'autres plus particulières. Mais, en somme, l'expérience démontre qu'il faut de plus en plus se spécialiser. Par un choix judicieux de ses études, j'admets que le spécialiste parviendra longtemps encore à se mettre en mesure de produire avant l'âge où le déclin de ses forces intellectuelles et physiques le frappera d'impuissance. Il n'est pourtant pas absurde d'envisager un terme tel que le savant à aucun âge ne pourrait plus être qu'un écolier dont l'étude de la Science acquise absorberait l'énergie et la vie.

C'est entre trente et quarante ans que les facultés intellectuelles et l'énergie physique de l'homme paraissent arrivées à leur maximum. C'est aussi l'âge par excellence de la production scientifique, bien qu'il y ait ici un décalage tenant à l'érudition croissante, à l'habitude de la recherche, à la vitesse acquise, si l'on peut dire. De très grands esprits sont demeurés féconds jusque dans la vieillesse.

Eh bien! ne semble-t-il pas déjà que, tout au moins dans l'ordre des sciences expérimentales, il y a une tendance à un retard dans l'âge de la plus puissante production? Si l'on peut encore citer un Moissan qui découvre le fluor à trente-trois ans, un Hertz qui, au même âge, fait l'admirable conquête des ondes électriques, quand Pasteur a commencé sa lutte contre les microbes, quand P. Curie s'est illustré par la découverte et l'étude du radium, c'étaient tout autre chose que des jeunes gens.

Ce n'est guère que parmi les mathématiciens qu'on voit encore de très jeunes hommes atteindre les sommets. Voyageant sans grands impedimenta, ce sont, si l'on veut, les alpinistes de la science. Les expérimentateurs ont un plus lourd bagage à mouvoir. Ils s'élèvent moins vite et moins haut.

IV. — Il n'est malheureusement pas absurde de redouter l'influence néfaste de causes extérieures. L'invasion des barbares a retardé de sept à huit siècles le progrès des connaissances humaines.

Sommes-nous sûrs que la race conquérante de l'avenir, la race jaune par exemple, en ayant pour elle, à un moment donné, la force matérielle aura, au même degré que nous, la curiosité sans laquelle il n'est pas de science? Sommes-nous davantage assurés que des fléaux comme l'alcoolisme, les luttes intestines, quelque fausse conception sociale n'amèneront pas la sauvagerie sous une autre forme? Des cataclysmes pareils à ceux qui ont marqué les périodes géologiques antérieures n'ont rien de particulièrement invraisemblable. Si des circonstances quelconques rendent plus brève la vie de l'homme, son existence matérielle plus précaire, n'est-il pas exposé à perdre jusqu'au souci même de la science?

Toutes les routes ouvertes ne sont pas également bonnes; toutes les méthodes ne sont pas également fécondes. Un mode d'écriture qui fait usage de 80,000 caractères a mis les Chinois dans un tel état d'infériorité qu'ils ont réalisé, pendant des siècles, le schéma, que je dessinais tout à l'heure, d'une humanité immobile et purement écolière. Le Moyen âge s'obstinant à rabâcher Aristote nous offre un spectacle analogue.

En résumé, sous quelque face qu'on examine la question, il semble que la science rencontrera toujours des limites. Mais il serait bien téméraire d'essayer de les fixer, comme on a trop souvent voulu le faire, *à priori*. Chaque fois qu'on a osé s'engager dans cette voie, la science a passé outre. Elle a rompu le cadre trop étroit dans lequel on essayait de l'enfermer. Rappellerai-je l'interdiction assez récente de reproduire par synthèse des matières organiques aux dépens d'éléments minéraux? La vie était, paraît-il, nécessaire à l'élaboration de ces substances. Berthelot réussit pourtant là où tous ses devanciers avaient échoué et il a, depuis, rencontré beaucoup d'imitateurs. On ne nie donc plus qu'on puisse produire de l'alcool ou du sucre sans vigne, sans pommiers ou sans betteraves. Pour sauver quelque chose dans ce naufrage, on voulut réduire l'interdiction à celles d'entre les matières organiques dont le pouvoir rotatoire manifeste la dissymétrie. Là encore, M. Jungfleisch, et d'autres après lui, ont passé.

On interdit actuellement à la science de faire sortir la vie de ses fourneaux. Il est bien certain que jusqu'ici rien n'a mis les savants sur une pareille voie. Quand Faust parle d'Homunculus : « Quel couple amoureux, répond Méphistophélès, as-tu donc enfermé dans cette cheminée? »

Les conditions de la génération nous échappent, mais on sait actuellement faire sortir la cellule mère de son repos par des excitations physico-chimiques. On a pu obtenir, d'un œuf d'oursin coupé en plusieurs morceaux, autant d'êtres indépendants, dont le développement a plus ou moins progressé. La question des origines possibles de la vie n'est pas mûre. Elle est sans doute mal posée.

4.

Ce qui est décidément hors de notre portée, c'est de créer des lois physiques. Nous ne pouvons que les utiliser après les avoir découvertes. Mais sous l'empire de ces lois, qu'il serait insensé de ne pas accepter, il est possible, il est légitime d'avancer jusqu'à l'épuisement total de nos forces. Il serait ridicule d'affirmer d'avance que telle ou telle question ne sera pas un jour du domaine de la science.

CHAPITRE III

L'Enseignement et la recherche

En quoi consiste la vérité scientifique. — Que doit-on entendre par expliquer? — Les théories et les images. — Opposition de l'enseignement et de la recherche. — L'enseignement élémentaire et l'enseignement supérieur. — Des expériences qui ne réussissent pas. — Solidarité des sciences. — Divers tempéraments de chercheurs. — L'édification de la science.

Un fait isolé n'est pas un objet de Science, non plus que des faits épars. La Science est une coordination. Elle analyse, elle classe : en un mot elle établit des relations. Ces relations subsistent soit entre des éléments définis *à priori* (mathématiques) soit entre des éléments abstraits à partir des faits réels (sciences expérimentales).

Un fait matériel étant donné, il faut déterminer les éléments susceptibles de le modifier. On y parvient soit par une observation attentive et prolongée, quand les faits se passent en dehors de notre portée; soit, quand il nous est loisible de les reproduire, en cherchant rationnellement les moyens que nous pouvons avoir d'en faire varier les circonstances.

L'observation et l'expérience permettent de décou-

vrir les relations qualitatives ou quantitatives qui
sont les éléments primordiaux de la Science. Ces
éléments sont ensuite rapprochés, combinés, inter-
prétés. Des relations particulières on s'élève à de
plus générales et l'esprit humain est d'autant plus
satisfait qu'il a réduit la complexité apparente des
phénomènes à plus de simplicité, à plus d'unité ;
qu'il embrasse d'un coup d'œil, qu'il enferme en
une formule unique une plus grande étendue de
connaissances.

On dit que le but de la Science est d'expliquer
les phénomènes. Etymologiquement, expliquer,
c'est déployer, par suite explorer tous les replis,
connaître dans tous les détails l'objet que l'on considère, le retourner sur toutes ses faces. Et comme nous
concevons les phénomènes dans le temps et dans
l'espace, expliquer serait, d'après Maxwell, déterminer complètement les relations d'un phénomène
dans le temps et dans l'espace.

Que ceux qui trouveraient une telle définition
trop étroite veuillent bien réfléchir aux explications
dont ils se contentent d'habitude. Ils reconnaîtront
sans doute que beaucoup sont illusoires. Je constate
que les corps non soutenus tombent à terre. J'explique en disant que la terre les attire. Que fais-je
ainsi sinon me payer de mots? Faut-il voir un
personnage de très grande stature caché dans le sol,
tenant l'extrémité d'une multitude de fils attachés
à tous les objets et tirant dessus de façon à les

presser sur leurs appuis ou à les faire tomber?

Mais je constate que tous les corps non soutenus tombent avec la même vitesse dans le vide, que cette vitesse est proportionnelle .à la durée de chute, et je parviens ainsi à déterminer l'espace que parcourra un corps quelconque en un temps quelconque, la vitesse dont il sera animé à chaque instant. Je connais désormais toutes les circonstances de la chute, dans le temps et dans l'espace. Je suis bien plus éclairé que tout à l'heure. J'ai même épuisé la connaissance de la chute d'un corps qu'il est possible d'acquérir dans les conditions restreintes de mon expérience. D'après Maxwell, j'ai fourni toute l'explication du phénomène.

Si, grâce à de nouvelles observations je quitte en quelque sorte la surface du sol pour m'élever jusqu'à la lune, au soleil et aux planètes, je découvre que leurs mouvements peuvent être assimilés à la chute de corps lancés obliquement et tombant les uns vers les autres. S'il me plaît d'*expliquer* en disant que tous ces corps s'attirent, je reviens à l'interprétation anthropomorphique et naïve de tout à l'heure. Mais si je me borne à dire avec Newton : tout se passe comme s'il existait, entre ces corps, des forces attractives proportionnelles à leurs masses et en raison inverse du carré de leurs distances, je résume seulement, sous la formule la plus brève possible, toutes les lois observées du mouvement des planètes. Je suis en mesure de fixer d'après l'observation une fois faite de leurs positions respectives, de la grandeur et de la direction de leurs vitesses à un moment donné, ce que seront devenues ces positions et ces vitesses à une autre époque quelconque. Je connaitrai leurs mouvements dans le dernier détail. De plus j'aurai réuni les phénomènes astronomiques, la chute des corps et le mouvement des projectiles sous une seule rubrique dans une théorie unique. Mon esprit se sera élevé à une conception beaucoup plus large, beaucoup plus simple. J'aurai d'ailleurs épuisé ainsi l'explication possible, tant que je ne saurai pas rattacher l'ensemble de tous ces phénomènes de gravitation à des phénomènes plus généraux encore.

L'horreur que la nature aurait du vide, n'a-t-elle pas paru à de longues générations d'ancêtres une explication suffisante de l'ascension de l'eau dans les pompes aspirantes ? Ce sentiment d'horreur prêté à un être imaginaire, la Nature, nous fait sourire aujourd'hui, un peu moins d'ailleurs que l'image de Jupiter brandissant les carreaux de la foudre. Nous ne songeons pas que telle de nos explications actuelles est sans plus de valeur, et ne fera pas meilleure figure devant la postérité. Le plus sage est donc, sans doute, de nous en tenir à la définition de Maxwell.

J'ai employé le mot de théorie. Théorie signifie vision, contemplation. On dit qu'on a fait la théorie d'un ensemble de phénomènes quand on est parvenu à en rassembler les lois dans un énoncé général, en quelque sorte intuitif. Beaucoup de théories ne sont, à proprement parler, que des images : ainsi toutes les théories atomiques, par lesquelles on cherche à représenter la constitution des corps. Les hommes, comme les enfants se plaisent aux images. Leur pensée s'y attache; elle s'y repose. Un cristallographe, un chimiste vous présentera des morceaux de bois ou de carton avec lesquels il jongle. Il en a de noirs pour représenter le carbone, il en a de ronds et de pointus. Il y a des représentations dans un plan, il y en a de stéréographiques. On raisonne sur les positions assignées aux atomes dans des chaînes plus ou moins enchevêtrées, et tout cela est parfaitement légitime, si l'on ne confond pas l'image avec la chose, si on ne se laisse pas hypnotiser par le symbole au point de ne plus voir la réalité dès qu'elle ne se superpose plus exactement à la représentation qu'on s'en est donné.

Il n'y a pas de méthode générale pour la recherche de la vérité scientifique. On la conquiert comme on peut. Tous les moyens sont bons, s'ils réussissent. Mais il y a des méthodes d'enseignement pour la Science déjà édifiée.

Enseigner, c'est transmettre. Apprendre, c'est acquérir. L'effort de l'élève ne diffère pas essentiellement de celui du chercheur. On ne sait que ce que l'on a découvert, vu, compris par ses propres moyens. Le rôle du maître est donc seulement de faciliter la découverte à l'élève, en lui évitant les tâtonnements infinis, les hésitations, les tentatives inutiles qui ont précédé, pour les chercheurs originaux, la vision claire, distincte, précise, celle qu'il s'agit de donner d'emblée à l'élève.

Les transformistes enseignent que l'embryon d'un animal supérieur passe successivement par diverses phases qui sont comme la trace durable des états par lesquels a passé l'espèce avant de parvenir au degré de perfection relative et de complication qui la caractérise. De même avant de devenir un savant original, l'enfant passe, à la faveur de l'enseignement qu'il reçoit, par toutes les étapes que l'humanité savante a successivement parcourues.

L'enseignement suppose, de la part du maître, une connaissance d'autant plus profonde, plus étendue que cet enseignement doit être plus élémentaire. Il suppose chez l'élève une docilité à se laisser conduire, une confiance dans la parole du maître d'autant plus grandes qu'il est plus près de ses débuts et qu'il est destiné à pénétrer moins avant. Mais la docilité n'est pas la passivité. Ce n'est que par un travail de réflexion personnelle toujours ardu que l'élève s'assimile la connaissance. Il ne dépend pas du maître de l'infuser, de l'injecter en quelque sorte, dans un esprit rebelle. L'enseignement est une collaboration.

L'enseignement est la préparation indispensable à

la recherche. Mais il devient aussi parfois un obstacle à la découverte. La discipline imposée à l'esprit lui facilite l'accès des voies largement ouvertes; elle peut aussi dissimuler l'entrée de sentiers encore mal tracés. C'est pourquoi les grandes découvertes ne sont pas toujours l'œuvre des plus érudits. Le maître doit avant tout apprendre à l'élève à regarder.

Il y a la même différence entre la vérité acquise par l'enseignement et celle que l'on découvre par ses propres forces, qu'entre un voyage en train rapide et une lente promenade pédestre. Le point de départ et celui d'arrivée sont les mêmes et la voie choisie par le piéton peut être de beaucoup la plus longue. Mais quelle différence dans la connaissance du paysage intermédiaire! Le voyageur d'express, je veux dire l'écolier, l'a à peine entrevu, à travers les talus et les tunnels sans nombre, œuvres d'un art consommé qui aplanit ou supprime les principales difficultés du chemin. Que de jolis points de vue, de perspectives profondes se trouvent ainsi masqués! La hâte d'arriver, les défaillances de l'attention et de la mémoire, la paresse à raisonner quand on imagine qu'il suffit de se souvenir, concourent pour affaiblir et parfois rendre inutilisables les connaissances trop promptement, trop superficiellement acquises.

La marche suivie par le chercheur est tout autre. Il avance, il s'arrête, il revient en arrière. Il n'est nullement pressé de conclure, et si un nouveau point de vue le frappe, il ne cesse de s'y attacher qu'il ne juge en avoir épuisé l'intérêt. L'expérience lui a appris que la route est semée d'embûches. Il est donc toujours sur ses gardes et quand il a atteint son but, il est sûr d'être réellement en possession de quelque chose.

L'activité propre du savant est, à bien des égards, le contraire de celle qui convient à l'écolier. Elle est parfois moins voisine de la docilité que de la révolte. Le chercheur ne tiendra pour démontré que ce qu'il lui est parfaitement impossible de ne pas admettre. Il sera donc particulièrement difficile à convaincre, soupçonnant partout et poursuivant impitoyablement l'erreur, surtout dans ses propres recherches. L'œil toujours ouvert, à l'affût des vérités inconnues, il n'admettra cependant pas qu'il en a découvert quelqu'une, avant d'avoir épuisé, à l'encontre, toutes les objections, tous les moyens de contrôle qui lui viennent à l'esprit ou que ses contradicteurs lui rendent le service de lui signaler.

Il n'y a matière d'enseignement que dans ce qui est coordonné et, par un côté au moins, complètement connu. Ce que l'on enseigne est donc sorti du domaine de la recherche, et, en ce sens, le chercheur n'en a que faire. Il semble qu'on n'aura pu lui enseigner que ce qu'il lui est inutile de savoir. Heureusement rien n'est jamais fini. Ce qui est coordonné sous un aspect n'est point lié sous un autre. Retournez les choses : sur leur envers apparaîtront les incohérences, les lacunes. Le maître, qui peut-être les soupçonne, est forcé de les dissimuler pour manifester des liens à ses yeux plus importants. Le chercheur doit être armé pour les apercevoir.

Il ne fera donc œuvre utile que s'il est doué de l'esprit critique. En s'efforçant de mieux pénétrer ce qu'on lui a enseigné, il s'apercevra que les choses les plus claires en apparence sont parfois les plus obscures, qu'il a confondu l'habitude et l'évidence. S'il réfléchit à un problème déjà connu, à une expérience déjà faite, il sera frappé de circonstances laissées dans l'ombre ; il trouvera des cas singuliers. Parti du fait le plus vulgaire, il sent, dès qu'il veut avancer, que l'inconnu le cerne, l'enveloppe. Il n'a pas à craindre que les sujets de recherche viennent jamais à lui manquer. Ce qu'il trouvera plus difficilement, c'est la méthode d'accès à sa portée, le point d'appui requis par Archimède.

On peut dire à l'écolier qui aspire à devenir un savant : « Prenez le premier traité venu, lisez-en avec attention une page, réfléchissez-y longuement. Si tout vous y paraît également clair, s'il ne se présente aucune objection à votre esprit, si votre curiosité est entièrement satisfaite, il est inutile d'insister : vous n'êtes pas organisé pour la recherche. »

Ce qui distingue l'enseignement supérieur de l'enseignement élémentaire, c'est surtout la place que doit y occuper la critique. Au premier degré, l'enseignement est dogmatique; au degré suprême, il est presque exclusivement critique; ou, pour mieux dire, dans les deux ordres d'enseignement les éléments opposés s'associent à des doses très diverses. En enseignant les plus petits enfants, en répondant le plus simplement possible à leurs questions troublantes, ne faut-il pas déjà éveiller en eux, du moins ne pas réprimer inconsidérément, crainte de l'assoupir à jamais, cette faculté si précieuse qui sera plus tard le sens critique?

La nature s'offre à nous sous des voiles compliqués. Quand on l'interroge, elle répond, mais en même temps qu'à la question posée, elle répond aussi à mille autres auxquelles nous ne songeons pas. Toutes ces réponses s'enchevêtrent et se confondent. Il en est peut-être de fort intéressantes; mais il y en a aussi de banales, et c'est le plus grand nombre. On dépense beaucoup de temps et de peine pour distinguer enfin une réponse telle que celle-ci : le troisième robinet à gauche est mal fermé, ou le second fil à droite est mal attaché. On apprend à ses dépens ce qu'on croyait savoir de reste : que l'eau tend toujours à s'écouler vers le niveau le plus bas, ou que l'air est un mauvais conducteur de l'électricité.

L'expérimentateur est comme celui qui, dans un jeu de salon, cherche à deviner un proverbe dont tous les assistants lui crient simultanément les syllabes. Il ne sait à qui entendre. Le savant ne sait pas davantage auquel de ses instruments, à quelle circonstance fortuite il doit s'en prendre de l'insuccès d'une expérience soigneusement préparée. Il fera bien des suppositions inexactes, bien des tentatives inutiles, pour aboutir finalement à quelque conclusion aussi palpitante d'intérêt que celles dont je parlais tout à l'heure.

Un savant mal préparé ne parviendra qu'à accumuler des observations sans portée, à encombrer la littérature scientifique d'un nouvel impedimentum. Les chercheurs fourvoyés à sa suite devront consacrer une part de leur activité à écarter de leur chemin la pierre qu'un malencontreux prédécesseur a disposée tout au travers.

Le génie consiste à savoir se guider dans le dédale des faits, à distinguer promptement la bonne méthode, le joint qui livrera une prise; à ne pas se décourager devant des insuccès répétés. Rares sont les expériences qui, du premier coup, fournissent un résultat parfaitement conforme aux prévisions. Ce n'est pas sans surprise qu'un expérimentateur consommé constate cet heureux accord et il craint alors d'être victime d'une illusion. Parfois, l'expérience qui a paru décisive ne réussit plus, ni à la seconde fois, ni jamais.

Boyle a écrit un curieux traité : *De experimentis qui non succedunt*. Les savants les plus illustres seraient en mesure d'ajouter de curieux spécimens à la liste.

Les sciences sont solidaires. Ce n'est pas toujours

aux expérimentateurs que sont dûs les grands progrès de la physique. Des hommes qui n'ont pas la passion du laboratoire peuvent apporter de précieuses lumières en dégageant des expériences d'autrui des conséquences inaperçues, en imaginant des théories fécondes. Faraday, expérimentateur consommé, a été l'inspirateur de Maxwell. Maxwell a revêtu de la forme mathématique des idées qu'il avait puisées chez Faraday. De là est née la théorie électromagnétique de la lumière. Hertz procède de Maxwell. A la fois mathématicien et expérimentateur, c'est grâce à ce double talent qu'il découvre les ondes électriques. Qui oserait dire qu'un Maxwell a été moins utile à la physique qu'un Faraday ? Qui nous apprendra si Hertz a été mieux servi par son éducation mathématique ou expérimentale ?

Les mathématiciens conviennent que la physique a soulevé plusieurs de leurs plus beaux problèmes. Les physiciens sont souvent arrêtés par l'insuffisance de nos procédés mathématiques actuels. Ils ne sont pas moins intéressés que les mathématiciens aux progrès de la géométrie et de l'analyse.

En mathématiques comme en physique, les aptitudes des chercheurs sont diverses et souvent se complètent. Il est des esprits puissants, initiateurs, qui ne peuvent suffire à mettre en œuvre les matériaux que leur esprit leur fournit en trop grande abondance. Ils sont éminemment aptes à guider des hommes plus jeunes, à assurer leurs premiers pas.

Ce sont vraiment des maîtres. Heureux ceux qui peuvent faire leurs premières armes à côté d'eux! Il est aussi des esprits dociles, aptes à développer une idée qu'on leur suggère. Ils ont l'initiative du détail minutieux, souvent indispensable au succès, mais ils manquent de puissance pour faire surgir des idées maîtresses. Remarquables tant qu'ils sont sous l'œil du maître, ils se perdent parfois dans la foule quand sa direction vient à leur manquer. L'intérêt de la science serait de ne jamais les séparer.

Parmi les expérimentateurs, les uns se consacrent aux mesures de haute précision, d'autres préfèrent fouiller un champ encore vierge. Le dévouement des premiers est digne de tout éloge. Ils se livrent à un travail particulièrement épineux et ingrat, sachant bien que leurs efforts pour conquérir une décimale de plus ne frapperont d'admiration que quelques spécialistes. Et si, plus tard, leurs résultats se trouvent à la base de quelque découverte importante, on négligera peut-être de s'en apercevoir. Ils seront frustrés de leur part de gloire. Mais le savant s'estime récompensé par le seul plaisir de la recherche.

Assistez à la leçon d'un maître. Pourquoi les visages, tendus par l'effort, s'éclairent-ils tous à la fois? C'est que la vérité scientifique vient de se révéler. Si telle est la puissance de la vérité simplement transmise, combien plus intense, plus profonde sera l'émotion du chercheur dont la persévérance, la perspicacité sont enfin récompensées. Ce n'est ni à des applications industrielles possibles, ni à quelque bénéfice matériel ou moral : fortune, honneurs enviés, qu'il songe en ce moment. Ces idées intéressées viendront peut-être un peu plus tard. Mais ce qui domine d'abord, n'en doutez pas, c'est purement la joie de posséder la vérité.

Les savants négligent presque toujours de nous initier à la genèse de leurs découvertes. Non seulement ils nous dérobent le spectacle de leurs vaines tentatives, de leurs hésitations ; ils nous conduisent par un chemin tout autre que celui qu'ils ont suivi. Parfois l'idée maitresse, sur laquelle ils insistent, ne s'est précisée pour eux qu'en dernier lieu. A la marche réelle de leur pensée et de leurs expériences, ils en substituent une autre qui, après coup, leur paraît plus logique, plus aisée. Ils font déjà œuvre d'enseignement.

Leurs successeurs font subir de nouvelles transformations à la pensée originale. On a rarement le loisir de remonter aux sources. Ce n'est le plus souvent que par des renseignements de seconde main que nous prenons contact avec les grands esprits qui ont provoqué les révolutions de la science. L'enseignement crée une tradition sans cesse remaniée. Les leçons des professeurs, les grands traités sont comme les ateliers et les magasins généraux où se classent, se transforment, se réduisent et souvent meurent de décrépitude les œuvres qui, à un moment donné, ont valu à leurs auteurs quelque gloire. Qu'importe le nom des ouvriers? Leur œuvre, même anonyme, subsiste dans ce qu'elle avait d'utile. Quand nous admirons l'édifice, réservons une part de reconnaissance à l'humble manœuvre qui a obscurément peiné dans la construction des échafaudages.

CHAPITRE IV

La Science et l'Industrie

Objets propres de l'industrie et de la science. — Inventions et découvertes. — Ce que la science doit à l'industrie. — Ce que l'industrie doit à la science. — Rapidité de la pénétration de la science dans le domaine de l'industrie. — Analogie étroite des appareils scientifiques et industriels. — Du laboratoire à l'usine.

L'industrie pourvoit à des besoins matériels, la science à des besoins intellectuels. L'une a pour stimulants parfois la philanthropie, plus fréquemment l'appât d'un intérêt, d'un bénéfice possibles. Seul le désir de savoir un peu plus, ou parfois d'acquérir un peu de renommée, nous sollicite vers l'autre. L'industrie est un champ de bataille où sévit la concurrence. La science ne doit connaître que l'émulation de rivaux associés dans la poursuite d'un même idéal.

Ce ne sont pas, en général, les mêmes hommes auxquels la science et l'industrie sont redevables de leurs progrès. Les qualités qu'il y faut déployer sont d'un autre ordre. Ni le caractère, ni l'éducation, ne peuvent être identiques. L'industriel et le savant doivent être armés pour la lutte ; mais la ténacité du savant n'a guère l'occasion de s'exercer à l'égard des hommes.

A des degrés très divers, l'industriel et le savant doivent associer les connaissances théoriques et la pratique. Non soutenue par une puissante armature scientifique, l'industrie ne peut longtemps prospérer. Elle ne s'accommode pas de la routine. De son côté le savant est contraint de demander à la pratique ce qu'on appelle familièrement des trucs, des tours de main, c'est-à-dire certaines règles empiriques, certains dispositifs dont on ne pénètre pas bien la raison, parce qu'ils correspondent à des propriétés encore peu connues de la matière, à des phénomènes dont l'étude scientifique n'est pas assez avancée.

L'industriel est à l'affût d'inventions ; le savant, de découvertes.

Quand une invention ne procède pas du hasard, elle n'est d'ordinaire que la mise en œuvre, dans un but pratique, de principes scientifiques déjà connus. Considérée en elle-même, elle ne constitue pas un progrès de la science, mais souvent elle prépare, rend possibles des progrès qui, sans elle, n'auraient pu se produire. Une invention a, de plus, un caractère d'actualité marquée ; la dernière en date fait oublier les plus anciennes. Argant, l'inventeur du quinquet, jouit, de son vivant, de quelque célébrité. Son invention pâlit devant celle de Carcel. Auer éclipse à la fois Carcel et Argant. La machine de Newcomen, celle de Watt n'ont plus leur place que dans les collections d'un Conservatoire. Les turbines détrônent les roues hydrauliques; les turbines à vapeur remplacent peu à peu les machines à piston.

Une découverte est une relation nouvelle établie entre des éléments scientifiquement définis. Par elle-même, elle n'augmente pas la puissance productive de l'homme, mais elle ouvre la voie aux inventions. La théorie de la machine à vapeur fait usage de la loi de Mariotte, celle du microscope de la loi de la réfraction. On fait breveter un nouvel organe de machine à vapeur ou un nouveau dispositif de microscope. La loi de Mariotte, la loi de la réfraction n'ont jamais fait l'objet d'un brevet, quelques discussions de priorité qui aient pu s'élever à leur sujet, du vivant de leurs auteurs ou devant la postérité.

Il y a, bien entendu, des inventions qui sont aussi des découvertes. Le nom de Watt survivra dans la science grâce au principe de la paroi froide. Quand le bec Auer sera oublié, la singularité de l'émission lumineuse d'un mélange d'oxydes, qui séparément éclairent d'une manière médiocre et, réunis en proportion convenable, éblouissent, demeurera un fait scientifique des plus intéressants. Le cohéreur de Branly pourra être remplacé pour l'usage de la télégraphie sans fils, sans qu'on cesse de s'occuper scientifiquement des problèmes que soulève le phénomène de la cohération.

Au reste, la science et l'industrie sont si étroitement solidaires qu'aucun progrès de l'une n'est absolument sans influence sur la marche de l'autre.

L'industrie est évidemment la sœur aînée. Avant tout, il faut vivre. Mais elle n'a marché qu'à tâtons, tant qu'elle n'a pas été éclairée par la science. La science elle-même, sauf dans le domaine des mathématiques, n'a fait que des progrès bien lents, tant qu'elle n'a pas été secondée par l'industrie. A quelles expériences de mesure aurait pu se livrer, à l'âge de la pierre éclatée, un savant auquel nous attribuerons, outre les loisirs indispensables, une curiosité, une ingéniosité, même un savoir acquis absolument hors ligne? Sans cuivre, sans fer et sans acier, sans mercure et sans vases de verre, sans produits chimiques et sans fourneaux, sans engins perfectionnés d'aucune sorte, quelle œuvre scientifique eût-il pu accomplir en s'aidant seulement de son misérable couteau de silex?

A notre époque, le savant n'a qu'à choisir. L'industrie des métaux, celle du verre ont acquis un remarquable degré de perfection. Nous nous procurons avec une égale facilité les récipients étanches capables de résister sans se rompre à des pressions énormes et les engins capables de développer ces pressions. Nous pouvons chauffer à 2,000° ou refroidir à —200°. L'usine fabriquera pour nous des alliages doués de propriétés paradoxales, joignant la dureté de l'acier à la fusibilité du plomb, ou n'éprouvant par la chaleur qu'une dilatation insensible. Voulez-vous des cercles divisés presque irréprochables, des vases en silex fondu que vous pourrez immerger dans l'eau à la température du rouge vif sans qu'ils se brisent, des produits chimiques d'une grande pureté? Vous trouverez tout cela à un prix raisonnable. On vous fournira tout : la matière première et les instruments. Seules, la recherche des méthodes, l'exécution des mesures et la discussion des résultats demeurent à votre charge.

Je regarde, autour de moi, dans mon laboratoire, et je suis effrayé d'y trouver accumulées tant de choses dont je ne sais plus me passer. Si l'une des moindres industries contemporaines disparaissait sans être remplacée, nos moyens de travail, par suite notre faculté de production scientifique, seraient amoindris. Pour atteindre le même but, il faudrait dépenser une ingéniosité plus grande, surtout perdre du temps, beaucoup de temps.

Quand une expédition scientifique part pour des contrées peu civilisées, il est curieux d'assister aux préparatifs, de voir emballer l'immense matériel. C'est qu'une fois à destination, on risque d'échouer pour le moindre oubli. La plus légère avarie d'un instrument de précision pourra se trouver irréparable. L'outil le plus vulgaire fera défaut et, seulement alors, on l'appréciera à sa valeur réelle.

Quittons le laboratoire pour l'usine. Les temps sont bien éloignés où l'on y suivait aveuglément la tradition. Peut-être, dans quelque province reculée de l'Espagne ou de la Russie le forgeron, réduit à un outillage préhistorique, répare-t-il encore un soc de charrue pareil à ceux dont se servaient les Romains. Mais entrons au Creusot. Nous y verrons des engins d'une puissance inouïe, que la force d'un enfant suffirait à diriger. L'électricité règne partout. L'ouvrier qui surveille le four Bessemer fait usage d'un spectroscope. La science préside à tous les dosages. Pas un coin de l'immense usine où on ne sente qu'elle a tout disposé. Pas une opération n'échappe à sa direction ou à son contrôle.

On est surpris de la rapidité avec laquelle une découverte passe aujourd'hui du laboratoire dans l'industrie. Il n'y a pas plus de trente ans que M. Cailletet reconnut la possibilité de liquéfier l'air. Elle se manifestait par l'apparition d'un brouillard imperceptible accompagnant la détente du gaz, fortement comprimé d'avance dans un tube. Aujourd'hui, l'air liquide est dans le commerce. C'est le résidu d'une opération industrielle plus importante, l'extraction de l'oxygène de l'air. Il se vend 4 francs le litre.

La réversibilité des machines thermiques, envisagée théoriquement par Carnot dès 1824, a conduit beaucoup plus tard les ingénieurs à l'invention de machines frigorifiques actionnées par la vapeur.

Presque aussitôt réalisées, elles se répandent si vite et si bien qu'elles permettent actuellement d'alimenter Paris de viande fraîche, avec des moutons tués en Australie. On les emploie à Roquefort pour arrêter, juste à point, la fermentation des fromages et les conserver des mois entiers au point où le consommateur désire les trouver. Elles servent dans les brasseries, etc.

Deux ans après que le premier échantillon de carbure de calcium sortit d'un four électrique de laboratoire, d'immenses usines s'établissaient dans les montagnes du Dauphiné ou de la Suisse, captaient de puissantes chutes d'eau et préparaient ce produit en si grande abondance que dix ans plus tard, il ne trouvait plus de débouchés. L'acétylène, dont on préparait malaisément quelques centimètres cubes dans les laboratoires, éclaire maintenant, grâce à ce carbure, jusqu'à des auberges de village ou des maisons éparses dans la campagne.

Les procédés industriels ne diffèrent en rien d'essentiel des méthodes de laboratoire. On retrouve, dans les usines, les mêmes appareils, mais amplifiés dans des proportions surprenantes, appropriés aux besoins d'une production intensive et la moins coûteuse possible.

Pour préparer un gaz, le chimiste chauffe, dans une cornue, quelques dizaines de grammes de matière. Il dispose, à la suite, un petit appareil de condensation, simple boule où se réunissent quelques gouttes de liquides entraînés, puis des flacons laveurs, enfin, une éprouvette où se rend le gaz purifié. Tout cela constitue un appareil de fortune, rapidement mais très rationnellement disposé. Le chimiste n'a besoin que de quelques centimètres cubes de gaz. Demain, le dispositif sera modifié pour une préparation différente. Le prix de revient, toujours minime, n'entre pas en ligne de compte.

Visitons maintenant l'une des usines à gaz qui alimentent Paris. Nous y trouvons d'énormes cornues de terre réfractaire associées en batteries dans de très grands fourneaux. Chacune de ces cornues reçoit une charge de plusieurs centaines de kilos de houille, et les diverses batteries de l'usine se relaient et se suppléent de façon à assurer au gaz une production continue et une composition constante. Les goudrons se condensent dans les barillets, les eaux ammoniacales dans les jeux d'orgue; puis viennent les chambres de purification chimique; enfin des cloches de fonte admirablement équilibrées et dont la capacité peut atteindre cent mille mètres cubes, refoulent doucement le gaz, qu'elles emmagasinent, vers les conduites et les brûleurs, sous la pression la plus favorable à la combustion. Les produits secondaires, coke, goudrons, paient, à eux seuls, les frais très réduits de la fabrication. Le gaz peut être livré à un prix d'autant plus bas que l'usine est plus puissante, sa production plus considérable.

6.

A une époque encore assez récente, le titre de savant était presque une tâche aux yeux de chefs d'industries quelque peu arriérées. En ce temps-là, le laboratoire et l'usine étaient des compartiments étanches. Ceux qui les habitaient n'avaient pas l'habitude de voisiner. En vivant ainsi à l'écart, savants et industriels obéissaient également à une routine et c'était à leur détriment réciproque. Ce temps passé ne renaîtra heureusement plus. Si vous assistez à telle séance de la Société des ingénieurs civils ou de la Société des électriciens, vous vous croirez à la Société de physique. Visitez tel laboratoire de la Sorbonne, du Collège de France ou de l'Institut Pasteur, vous aurez l'illusion de vous trouver dans une usine. Vous y verrez fonctionner des machines à gaz ou à vapeur. Vous y serez reçus par des savants en blouse que vous surprendrez à manier la lime ou le rabot.

Par contre, dans une brasserie, dans une sucrerie, dans une fabrique de parfums, vous trouverez, en bonne place, les appareils de physique les plus délicats. Les ingénieurs qui en font usage sont peut-être frais émoulus d'une de nos facultés des sciences, celle de Nancy, par exemple, ou celle de Lille, dont les professeurs ne dédaignent pas de donner un enseignement industriel vivifié par le plus pur esprit scientifique[1].

1. Je renverrai le lecteur à un livre charmant : *Du laboratoire à l'usine*, où l'auteur, M. Houllevigue, passe en revue quel-

Il serait parfaitement oiseux d'énumérer toutes les applications industrielles que contenait en germe la première et microscopique étincelle d'induction obtenue par Faraday. A la fin du mémoire célèbre dans lequel il consigna sa découverte, l'illustre savant s'exprime ainsi : « Avant tout, j'ai eu pour objet de découvrir de nouveaux faits et des relations relatives à l'induction magnéto-électrique, plutôt que d'exalter la grandeur des effets déjà obtenus, bien assuré qu'ils prendront plus tard leur plein développement[1]. » Il ajoute ailleurs : « Et bien que je ne puisse dire honnêtement que je *désire* être trouvé dans l'erreur, j'espère cependant, et avec ferveur, que les progrès de la science seront tels qu'en nous donnant de nouveaux et plus vastes développements et des lois de plus en plus générales dans leur application, ils me fassent penser à moi-même que tout ce qui est écrit et expliqué dans ces recherches expérimentales est passé au rang des parties abolies de la science[2]. »

ques-unes des industries les plus modernes, en mettant en lumière les faits et les théories scientifiques qui leur ont donné naissance.

1. I have rather, however, been desirous of discovering new facts and new relations dependent on magneto-electric induction, than of exalting the force of those already obtained; being assured that the latter would find their full development hereafter. *Experimental Researches.* § 159, p. 147.

2. And, although I cannot honestly say that I *wish* to be found in error, yet I do fervently hope that the progress of science will be such by giving us new and others developments, and

Cet admirable langage est bien celui qui convient à un savant. Mais que dirait aujourd'hui Faraday? Le magnifique développement scientifique et industriel de l'électricité moderne remplirait-il son attente de voir un jour son œuvre éclipsée, abolie?

laws more and more general in their applications, will even make me think that what is written and illustrated in these experimental researches, belongs to the by-gone parts of science. *Experimental researches*, préface. p. VI.

CHAPITRE V

Les Instruments. — Les Mesures

Observation et expérience. — Erreurs des sens. — Comment on
s'en affranchit. — Nos sens ne sont pas des instruments de
mesure. — Erreurs instrumentales. — Erreurs accidentelles.
— Erreurs systématiques. — Limite de précision des instruments. — Erreurs relatives. — Erreur relative d'une grandeur dérivée. — Mesures absolues et relatives. — Étalons et
instruments étalons. — Systèmes d'unités. — Leur introduction récente.

Les procédés que nous pouvons mettre en œuvre
pour l'étude du monde physique sont l'observation
et l'expérience.

Observer, c'est noter exactement les circonstances
d'un phénomène qui s'offre à nous. Expérimenter,
c'est régler d'avance un certain nombre de circonstances relatives à un phénomène que nous pouvons
reproduire à volonté. On observe parfois accidentellement : on expérimente toujours en vue de confirmer ou d'infirmer une idée préconçue.

L'expérimentation est donc consécutive à une
connaissance, au moins générale, des phénomènes
que l'on veut étudier. Dans une Science quelconque

la période expérimentale succédera donc à une période en quelque sorte éducative dans laquelle les faits observés doivent subir un premier travail de classement et d'élaboration. Certaines de nos Sciences sortent à peine de cette phase de leur histoire. Les Sciences de l'avenir s'en dégageront peu à peu.

L'observation et l'expérience sont d'abord purement qualitatives. Les mesures et la recherche des lois numériques auxquelles elles aboutissent constituent l'effort d'une Science déjà avancée que couronneront, tôt ou tard, des interprétations générales, des théories.

L'observation primitive n'emploie d'autres instruments que nos sens. Nos sensations, corrélatives, à la fois, à l'état des objets qui nous affectent et à l'état de notre organisme, comportent, de ce fait, une ambiguïté d'interprétation : une modification dont le siège est dans nos organes peut-être rapportée, à tort, à une modification extérieure, qui n'existe pas. Si ma trompe d'Eustache est engorgée, si la pression du sang dans mes artères augmente d'une manière anormale, je percevrai des bruits qui ne correspondent à aucune réalité extérieure. Un malade qui a la fièvre éprouve successivement une vive sensation de froid, puis de chaleur, dans une salle dont la température n'a cependant pas varié.

Nos sensations n'acquièrent donc une valeur scientifique que par un contrôle. L'observateur peut recourir au témoignage d'autres individus. C'est ainsi que nous nous tiendrons pour mieux assurés de la réalité d'un bruit si nous ne sommes pas seuls à l'entendre. Mais nous pouvons être tous grippés, ou bien nous laisser influencer par l'affirmation d'une personne qui passe pour avoir l'oreille particulièrement exercée. Un contrôle meilleur sera obtenu si le bruit, la voix d'un chanteur par exemple, a laissé une trace durable sur un phonographe.

Pour s'affranchir des erreurs des sens, on cherchera donc à lier le phénomène étudié à quelque autre qui en dépende d'une manière connue, et tellement nécessaire que le premier ne puisse se produire sans entraîner le second et que le second n'ait jamais l'occasion de se réaliser si ce n'est par l'action du premier. La constatation du second phénomène équivaudra ainsi à celle du premier.

Nous ne prendrons évidemment connaissance du contrôle que par une sensation. Mais celle-ci affectera soit un autre organe, soit le même organe, dans des conditions différentes. Le phonographe s'adresse à l'oreille, mais reproduira la voix du chanteur quand je voudrai, devant un auditoire que je composerai à mon gré. Si, aux diverses phases d'un accès de fièvre, je fais appel à mes yeux pour lire un thermomètre accroché près de mon lit, je saurai si, quand je grelotte, la température de la chambre s'est réellement abaissée.

Au reste, nos sens, adaptés sensiblement aux conditions moyennes de notre vie matérielle, ne peuvent l'être à notre soif indéfinie de connaître. L'hérédité les a faits ce qu'ils sont ; l'éducation les perfectionne en les adaptant mieux à nos occupations habituelles. On sait à quelle acuité peut atteindre l'ouïe d'un aveugle, son toucher ; quelle habileté manuelle spéciale peut développer l'exercice de telle ou telle profession. Mais la modification éducative, souvent peu en harmonie avec les conditions normales du développement humain, est lente et en somme assez étroitement limitée.

Nos instruments sont des dispositifs interposés entre nos sens et les choses. Ils amplifient nos moyens naturels, agrandissent notre sphère d'action. Je donne à mon poing la dureté de l'acier, le tranchant d'un éclat de silex en saisissant un marteau ou une hache. Je rends presbyte mon œil myope par l'interposition de bésicles et, ne pouvant me transporter à quelques kilomètres de la lune, j'évite le voyage en modifiant, par un télescope assez puissant, les ondes lumineuses que je reçois de cet astre. A ma pupille, dont l'ouverture ne peut guère varier, sous l'effort des muscles ciliaires, que de 2 à 4 millimètres, je substitue, de fait, une pupille artificielle énorme, une lentille objective de 1 m. 25 de diamètre ; mon œil est désormais celui d'un prodigieux géant, puisque sa dimension antéro-postérieure, qui est devenue celle de la lunette, ne mesure pas moins de soixante mètres de long[1].

A mesure que nous acquérons une connaissance plus exacte des défauts de nos sens et des qualités de la matière, nous modifions nos instruments et nous les perfectionnons en conséquence. Nous parvenons ainsi à atténuer de plus en plus les erreurs et les déformations apparentes que nos sens, employés seuls, introduiraient dans notre appréciation des phénomènes.

Nos sens nous permettent seulement de distinguer un plus ou moins d'intensité dans nos perceptions: la dureté plus ou moins grande d'un corps, la différence d'acuité de deux sons, d'intensité de deux lumières, mais cela d'une façon assez grossière, surtout si la mémoire doit intervenir dans la comparaison. En aucun cas ils ne fournissent une mesure proprement dite.

Coupez une série de baguettes inégales. Présentez-les à plusieurs personnes, en les priant d'en estimer les longueurs à simple vue, sans recourir à aucun artifice, comme serait un essai de mesure avec la main ouverte. Vous serez surpris de l'incohérence des réponses. Vous n'obtiendrez guère mieux, si vous autorisez les observateurs à placer sur le prolongement l'une de l'autre deux longueurs à comparer, alors même que chacune d'elles ne dépasserait pas

---

1. Grand sidérostat de l'Exposition de 1900, construit par M. P. Gautier.

ce que l'on embrasse aisément d'un coup d'œil, trente centimètres par exemple.

Demandez, au contraire, si deux traits coïncident : les réponses seront identiques, pourvu que, dans le cas de non coïncidence, vous ne demandiez pas de combien les traits s'écartent.

Pour mesurer une longueur AB, nous prenons pour *instrument* une règle finement divisée. Nous amenons l'extrémité A en coïncidence avec le zéro de la règle, et nous constatons, en général, que l'autre extrémité B ne coïncide pas rigoureusement avec un trait, mais se trouve comprise entre les traits n et $n + 1$. Si la règle est divisée en millimètres, nous affirmerons que la longueur de AB est plus grande que n millimètres et plus petite que $n + 1$. Soit $n = 327$; nous connaîtrons donc la longueur AB à moins de $1/327^e$ de sa valeur. Cette précision déjà grande n'a pu être atteinte que grâce à l'observation de coïncidences. Nous n'avons demandé à l'œil qu'une constatation à laquelle il est particulièrement approprié.

Comme nos sens, les instruments peuvent aussi nous tromper. Peut-être la règle a-t-elle été mal divisée. Au reste, le métal dont elle est formée se dilate quand la température s'élève. Si la règle est exacte à zéro, elle ne le sera plus à la température du laboratoire. D'autres causes d'inexactitude peuvent intervenir. En toute rigueur la règle n'a pas la même longueur si vous la disposez horizontalement ou verticalement : supposez-là en caoutchouc, la différence sera énorme.

Pour obtenir des mesures correctes, il faut s'inquiéter de l'importance des diverses causes d'erreur, eu égard à la précision assignée à l'instrument. On vérifiera l'égalité des divisions de la règle par un contrôle approprié et, si la division n'est pas sans défauts, on dressera une table qui, en regard de chaque nombre lu, indiquera la longueur vraie correspondante. Puis on étudiera la dilatation de la règle par la chaleur, son allongement par la traction. Alors seulement, on sera en mesure d'évaluer une longueur avec toute l'exactitude que la division de la règle paraît comporter.

Ainsi, chacun de nos instruments possède son individualité. Dans un laboratoire bien tenu, il aura son état civil. Ses qualités et ses défauts seront consignés sur un registre auquel on devra se reporter après chaque mesure pour opérer les corrections indispensables. Sans cela la précision apparente n'est qu'un leurre. Rien n'est plus décevant qu'un instrument de précision mal employé.

Toutes choses égales, une règle divisée permettra des mesures d'autant plus précises que ses traits seront plus serrés et plus fins. On pourra armer l'œil d'un microscope pour mieux juger des coïncidences, mais il est toujours une limite imposée par la largeur des traits, l'irrégularité de leur forme, laquelle dépend à son tour des imperfections du

tracelet, ou du défaut d'homogénéité du métal, inégalement dur aux divers points attaqués.

On pourra compliquer l'instrument d'organes
accessoires tels que le vernier; user d'un dispositif
multiplicateur : un levier à bras inégaux, venant
buter par son petit bras sur l'extrémité de la longueur à mesurer, tandis que son grand bras se dé-
place sur la règle ; remplacer le levier par un miroir
mobile, véritable levier optique, qui manifeste par
la déviation d'un faisceau lumineux réfléchi la
moindre rotation du miroir; recourir même à un
déplacement de franges d'interférence. On reculera
ainsi la limite d'exactitude qui, du millimètre, passera au dixième, au centième, au millième de millimètre, etc. Mais l'accroissement de la précision sera
de plus en plus difficile à atteindre, les mesures
seront de plus en plus longues à effectuer et surtout à réduire.

On se tromperait fort si, employant par exemple
une vis micrométrique dont le pas est de un millimètre, on munissait la vis d'un cercle divisé en
cent mille parties égales, et si l'on pensait évaluer
ainsi des cent millièmes de tour, par conséquent des
cent millièmes de millimètre. La vis doit avoir un
jeu par rapport à son écrou, si on ne veut qu'elle
fasse corps avec lui. Ce jeu est de l'ordre du millième de millimètre. De plus il faut *apprécier* la
position de la vis réalisant un contact. Comment se
fait l'appréciation ? Le contact développe une pres-

sion, et, à mesure que la vis descend, cette pression devient rapidement assez grande pour que l'instrument puisse pivoter sur son axe. Chaque observateur fixe, comme il peut, la limite, qui n'est pas d'une netteté absolue. En répétant plusieurs fois la même opération, une même personne trouvera des différences de l'ordre du millième de millimètre. Deux expérimentateurs effectuant une même série de mesures assez nombreuses, l'un d'eux trouvera en moyenne un millième de millimètre de plus que l'autre. Il est donc inutile de diviser la tête de la vis en plus de mille parties. L'instrument ne comporte pas une précision supérieure au millième de millimètre.

Les erreurs des mesures sont de deux sortes :

Les unes sont *accidentelles,* comme celles des lectures de notre premier expérimentateur. Elles sont tantôt dans un sens et tantôt en sens contraire. Si le nombre des mesures est assez grand, elles tendent à se compenser.

Les autres sont *systématiques,* c'est-à-dire tendent à se produire toujours dans le même sens, comme l'écart des mesures de notre second expérimentateur par rapport à celles du premier. L'erreur systématique est, dans ce cas, individuelle ; mais elle peut aussi être instrumentale, si l'instrument offre un défaut inconnu; ou encore tenir à la méthode, si l'observateur néglige, sans le savoir, une correction nécessaire.

7.

Les erreurs systématiques, n'ayant aucune tendance à se compenser par la répétition des mesures, sont très dangereuses et particulièrement difficiles à éviter. Presque toujours la précision annoncée, de bonne foi, par un expérimentateur se trouve évaluée trop haut.

En ce qui concerne les erreurs accidentelles, on les élimine autant que possible en prenant la moyenne d'un grand nombre de mesures et, dans des [cas particuliers, en combinant les nombres expérimentaux d'après certaines règles fournies par le calcul des probabilités (méthode des moindres carrés). La comparaison des diverses valeurs obtenues, par un même expérimentateur, pour une même grandeur invariable, détermine d'ailleurs bien plus exactement la limite des erreurs accidentelles que ne le ferait la théorie la plus soignée.

Tout instrument porte en lui-même, dans les conditions de sa construction, dans les propriétés mécaniques des matériaux dont il est formé, dans les imperfections moyennes du sens que met en œuvre la mesure, une limite de sensibilité déterminée : soit ε. L'instrument a fourni, toutes corrections faites, une valeur numérique a. Nous savons seulement que la grandeur mesurée est comprise entre $a + \varepsilon$ et $a - \varepsilon$.

Mais ce qui importe au physicien c'est moins l'erreur absolue ε possible que l'erreur relative ε/a. Si a est comparable à ε, la mesure sera réputée imprécise, quelque petit que soit ε. Il s'agit de peser une dose d'un certain poison dont un décigramme suffirait à tuer un homme ; une erreur de un centigramme sera intolérable. On emploiera donc une balance sensible au dixième, au vingtième de milligramme. Il serait absurde de rechercher la même précision pour du sel de cuisine, et, s'il s'agit de houille, une erreur de quelques kilogrammes sera sans importance.

Même dans les expériences de haute précision, toutes les grandeurs à connaître n'exigent pas le même soin. La sensibilité des divers instruments de mesure sera réglée en conséquence. La température altérant très peu la longueur d'une règle métallique, il serait absurde d'employer, en ce cas, un thermomètre sensible au deux-centième de degré, si on sait qu'une variation d'un degré produit le plus petit allongement appréciable.

Si une mesure doit être faite au millième près, il est inutile de corriger les erreurs inférieures à un dix millième ; les erreurs de un millième seront suffisamment corrigées si on les évalue au dixième de leur valeur près.

Il est déraisonnable de rechercher une précision illusoire par l'emploi inopportun d'instruments très délicats. Il vaudrait mieux multiplier davantage les mesures, ou employer le temps gaspillé à s'assurer si on ne néglige pas des causes d'erreur plus graves.

On dit qu'une grandeur physique dérive de plusieurs autres lorsque sa détermination est liée à la mesure individuelle de celles-ci. L'erreur dont se trouve affectée une grandeur dérivée par suite des erreurs commises sur les grandeurs simples mesurées est fixée par la définition de cette grandeur. Une vitesse est le quotient de deux nombres dont l'un exprime une longueur, l'autre un temps. L'erreur relative sur la vitesse sera, en mettant les choses au pis, la somme des erreurs relatives commises sur la longueur et sur le temps.

Soit à déterminer la vitesse de la lumière à moins de un millième de sa valeur : il faut mesurer l'espace parcouru par la lumière et le temps correspondant chacun à un deux millième près. Il serait absurde de s'obstiner à mesurer l'espace parcouru au dix millionième si les conditions sont telles qu'on ne peut mesurer la durée du parcours qu'au centième près ou inversement.

Pour obtenir de bonnes valeurs d'une grandeur dérivée, c'est surtout la qualité de la méthode de mesure qui importe. Un choix judicieux de celle-ci, une critique rigoureuse de la précision qu'on peut en attendre, une adaptation exacte de la sensibilité de chacun des instruments employés, sont des éléments plus importants que l'habileté de l'observateur chargé de l'exécution.

Mesurer une grandeur, c'est essentiellement la comparer à une grandeur de même espèce. Mais l'unité choisie peut souvent demeurer arbitraire. Ainsi pour savoir d'après quelle loi varient les espaces parcourus par un corps qui tombe en chute libre, on peut mesurer les espaces avec une règle quelconque, pourvu qu'elle soit bien construite, évaluer les temps à l'aide de n'importe quel pendule ou diapason. On trouvera toujours que les espaces sont proportionnels au carré des temps. Mais si l'on veut connaître en valeur absolue l'espace parcouru dans la première seconde, ou mesurer l'accélération g de la pesanteur, il faut connaître la valeur absolue d'une division de la règle, ainsi que la durée d'oscillation du pendule.

Les appareils qu'il convient d'employer diffèrent suivant qu'on veut exécuter des mesures absolues ou relatives. Dans le second cas, on ne se préoccupera que de donner à l'instrument la plus grande sensibilité possible. Quand on veut obtenir des mesures absolues, on sacrifie tout, même la sensibilité, à la précision avec laquelle la constante de l'instrument peut être connue.

La construction et l'usage des instruments absolus ne vont pas sans embarras. Ils sont généralement coûteux et incommodes. On ne s'en sert donc que quand cela est indispensable. Une seule mesure absolue suffit, à la rigueur, pour déterminer le facteur constant à l'aide duquel toutes les mesures relatives, effectuées avec un même instrument, seront transformées en mesures absolues.

S'il s'agit seulement de constater l'égalité de deux grandeurs de même espèce, il suffit de s'assurer que l'indication de l'instrument de mesure est identique : cet instrument n'a même pas besoin d'être gradué, pourvu qu'il soit sensible. Si l'instrument fournit des indications susceptibles de changer de signe, on peut le soumettre simultanément à deux actions contraires et se borner à constater qu'il conserve ainsi sa situation d'équilibre primitive, son zéro. La sensibilité des instruments étant, en général, maximum au voisinage de leur position d'équilibre, les méthodes de zéro sont les plus favorables aux mesures relatives.

Pour employer fructueusement ces méthodes, on compare habituellement la grandeur donnée à une grandeur de même espèce variable à volonté, et que l'on règle de façon à obtenir l'équilibre. Avec la balance, on se sert de boîtes de poids; avec un galvanomètre, de rhéostats, de boîtes de résistance étalonnées, avec lesquelles on fait varier l'intensité d'un courant.

Il est des grandeurs pour lesquelles on peut fixer des étalons, c'est-à-dire que l'unité d'une telle grandeur est liée, par sa définition, à quelque propriété invariable d'un objet que l'on conserve et que l'on saurait reproduire s'il venait à se perdre. Ainsi la masse d'un solide non volatil étant une grandeur parfaitement invariable dans les conditions ordinaires, on peut fixer un étalon de masse, le kilogramme. Ce sera un certain morceau de platine qu'on mettra à l'abri de toute altération, sauf aux instants où on s'en sert, pour comparer sa masse à d'autres.

On peut aussi avoir recours à un instrument étalon qui, dans des conditions déterminées, suppléera l'étalon d'une grandeur physique non susceptible de conservation. Ainsi, un courant électrique n'est ni un objet, ni une qualité d'un objet susceptible d'être conservée. Mais l'action réciproque de deux bobines animées par un même courant étant liée aux dimensions de ces bobines, à leur situation réciproque et à l'intensité du courant qui les traverse, on peut construire un électrodynamomètre étalon, c'est-à-dire disposer deux bobines de grandeur et de position relative connues, y lancer un courant et équilibrer leur action réciproque par des poids. On réalisera donc indirectement un étalon de courant en réglant à chaque fois l'intensité du courant de façon à ce qu'il équilibre par exemple un gramme à l'extrémité d'un bras de levier de un centimètre.

Pour chaque sorte de grandeur, on peut choisir arbitrairement une unité que l'on fixera soit par un étalon matériel, soit à l'aide d'un instrument étalon.

En somme, il faudrait conserver autant d'étalons ou d'instruments absolus qu'on définirait de grandeurs physiques. Dans divers pays ou, dans un même pays, au gré de divers savants, des étalons différents pourraient être assignés à une même sorte de grandeurs. Il en résulterait une confusion, peu en accord avec la simplicité qui convient à une science parfaite.

On a donc éprouvé le besoin de systématiser les unités en faisant choix, pour chaque grandeur physique, d'une unité définie, soit comme fondamentale, soit comme dérivée des unités fondamentales. Ainsi, dans le système métrique, il y a une unité fondamentale de masse, le gramme ; une unité fondamentale de longueur, le mètre, et ces deux unités sont fixées par des étalons : le mètre et le kilogramme des archives. Les autres unités du système métrique, le litre, par exemple, ou même le franc, sont reliées à ces unités fondamentales par des définitions telles que l'étalon du mètre et celui du kilogramme permettraient de les retrouver.

Dans le système C. G. S., une autre unité fondamentale, l'unité de temps, est empruntée à un phénomène astronomique, puisque la seconde est la 86.400ᵉ partie du jour solaire moyen. La stabilité de cette unité dépend de celle du système solaire. Le soleil et la terre, considérés dans leur ensemble, constituent donc notre instrument étalon pour la mesure du temps. Quand on a déterminé expérimentalement les dimensions d'un pendule qui bat la seconde, on peut réaliser un instrument étalon d'ordre secondaire, plus à notre portée. La stabilité de la seconde qu'il définit dépend de l'invariabilité de la pesanteur.

Dans le système C. G. S. toutes les grandeurs physiques sont reliées, par leur définition, aux trois grandeurs fondamentales dont les unités sont le centimètre, le gramme et la seconde. Toutes les unités dérivées peuvent être retrouvées à la faveur de celles-là.

Ce n'est pas sans beaucoup de temps et d'efforts qu'on est parvenu à concevoir un tel système d'unités et à en généraliser l'usage. Il n'est pas sans intérêt de revenir en arrière et d'examiner sommairement comment la question des mesures et des unités s'est présentée à travers les âges.

On doit d'abord reconnaître qu'historiquement les mesures n'ont pas eu pour origine le besoin de s'instruire, mais celui de commercer. La mesure des longueurs à l'aide d'une règle, celle des volumes à l'aide d'un vase étalon, enfin celle des masses à l'aide de pesons ou même d'appareils du genre balance, remontent à une antiquité qu'on ne saurait préciser. Nous savons, par exemple, que la balance à bras inégaux, dite romaine, était usitée, en Orient, probablement avant la fondation de Rome. Dès les temps les plus reculés, l'usage de ces instruments primitifs a été soumis à certaines règles, variables d'une cité à une autre, et plus ou moins équivalentes à la fixation d'étalons légaux.

En ce qui concerne le temps, il semble n'avoir été

considéré comme une marchandise qu'à une époque relativement récente. On sait cependant que des sabliers étaient employés à Athènes pour endiguer la faconde des avocats, sinon pour limiter leurs honoraires.

Les plus anciens instruments d'ordre scientifique furent appliqués aux observations astronomiques. L'expérimentation proprement dite était peu en honneur dans l'antiquité. On peut cependant voir un très ancien rudiment d'expériences dans la fixation de la longueur des cordes donnant, d'après Pythagore, les intervalles musicaux. Les expériences de Pythagore n'étaient, à coup sûr, rien moins que précises. On sait pourtant qu'après des discussions plus de vingt fois séculaires, M. Mercadier, faisant usage de procédés particulièrement rigoureux, a trouvé que la gamme pythagoricienne convenait mieux que la gamme dite harmonique pour représenter les intervalles employés par les musiciens dans l'exécution des mélodies. Or, il est bien certain que, séduit par la simplicité de rapports numériques, constatée d'abord par hasard, Pythagore s'est laissé guider bien plus par une conception métaphysique que par l'expérience. L'avenir lui a cependant donné raison. L'esprit systématique n'est pas toujours un obstacle à la découverte de la vérité scientifique.

Ce n'est qu'à partir de la Renaissance que l'expérimentation conquiert peu à peu sa place dans la science. D'abord presque exclusivement qualitative, elle crée ensuite progressivement les instruments de mesure devenus nécessaires.

Le premier en date de tous les systèmes coordonnés d'unités et d'étalons, le système métrique français, ne date guère que d'un siècle. Un demi-siècle a été nécessaire pour vaincre la routine, en France même, et substituer, jusque dans les campagnes, les unités et les instruments métriques aux anciennes unités et mesures variables, non seulement d'une province à l'autre, mais parfois d'un village au village voisin. L'autre demi-siècle s'est écoulé avant que l'adoption du système métrique ait pu se généraliser au delà de nos frontières. Les savants ont donné l'exemple : les gouvernements ont suivi, à distance. Quelques pays, où le culte des vieilles traditions est particulièrement en honneur, demeurent encore à l'écart.

Depuis le congrès des électriciens de 1884, les physiciens du monde entier ont adopté le système C. G. S. Ils n'ont encore pu obtenir l'adhésion des ingénieurs-mécaniciens qui continuent à employer le mètre et le kilogramme au lieu du centimètre et du gramme.

CHAPITRE VI

Les Lois naturelles.

Nous *croyons* à l'existence de lois immuables auxquelles obéissent les phénomènes physiques. Cette croyance, fondée sur une expérience plusieurs fois séculaire, tend à devenir un instinct héréditaire, car elle se renforce à chaque génération.

Les anciens hommes étaient bien loin de voir partout des lois. Bien plutôt ont-ils attribué un grand nombre de phénomènes, particulièrement ceux qui paraissent irréguliers, comme les phénomènes météorologiques, à l'action de quelque volonté supérieure à celle de l'homme, mais non exempte de caprices. Homère croit fermement à Zeus, assembleur de nuages et à Poseidon, dompteur des flots. Au cours du xviiie siècle, certains savants parlaient encore de *jeux de la nature*. Les détracteurs de Newton persistaient à expliquer ainsi les couleurs du prisme. Ceux qui tenaient à s'insurger contre l'authenticité du déluge biblique attribuaient à ces mêmes jeux l'*apparence* de coquilles pétrifiées rencontrées sur le sommet des montagnes.

Aujourd'hui, personne ne met plus en doute le déterminisme des phénomènes naturels, tout au moins si on consent à le limiter à la matière non vivante. Quand les circonstances d'un phénomène sont au nombre de n et bien connues, et qu'on fixe $n-1$ de ces données, on n'hésite plus à admettre que la ennième est déterminée, comme une conséquence des premières. Le choix des $n-1$ données parmi les n est souvent arbitraire (phénomènes réversibles), de sorte qu'il n'est pas légitime d'accorder à quelques-unes d'entre elles une prééminence, en les considérant comme des causes dont les autres seraient les effets. Il n'y a, à proprement parler, dans ces phénomènes, ni cause, ni effets, mais un lien nécessaire tel que si l'on prend arbitrairement $n-1$ données comme des causes, ou, en langage mathématique, comme des variables indépendantes, la ennième donnée, la fonction, sera l'effet; mais on peut intervertir la cause et l'effet, la variable indépendante et la fonction. Leur relation constitue la loi naturelle du phénomène.

J'ai dit que notre confiance à l'égard des lois naturelles est, au fond, une croyance. De ce qu'on a constaté, de tout temps, qu'un corps non soutenu tombe à terre, il ne résulte pas qu'à jamais et sans aucune exception possible, un corps non soutenu tombera; mais ce raisonnement n'altère en rien notre confiance. Si elle était abolie, les sciences physiques n'auraient plus d'objet. Quand nous passons des phénomènes déjà étudiés aux phénomènes inconnus, l'existence des lois dont la découverte a toujours couronné l'étude assez patiemment poursuivie des premiers nous est garante que les derniers obéissent aussi à des lois. Une étude méthodique et suffisamment prolongée nous les révélera.

Les premières lois rencontrées par les expérimentateurs ont naturellement été des lois très simples. Une opinion fort ancienne, d'origine certainement métaphysique, veut d'ailleurs que les lois de la nature soient toujours simples. Cette opinion, si elle est juste, légitime la confiance des chercheurs de lois nouvelles, fort exposés, si elle est fausse, à ne jamais se débrouiller. Elle ne sera pas sans inconvénients si elle nous pousse, comme on n'en a que trop d'exemples historiques, à nous tenir pour satisfaits, dès que quelques vérifications grossières auront paru confirmer une loi prévue.

Mais qu'est-ce qu'une loi simple? Quelques exemples vont nous permettre de montrer ce qu'on doit entendre par là.

La loi de la réfraction de la lumière sous sa forme primitive et usuelle est celle-ci : *le rapport du sinus de l'angle d'incidence au sinus de l'angle de réfraction, à la surface de séparation de deux milieux donnés, est un nombre constant.* Est-ce une loi simple? Le sinus d'un angle est une fonction transcendante qui n'a été introduite en mathématiques que fort tard. On peut trouver que la loi de la réfraction s'écarte beaucoup de la simplicité.

Mais quand Huyghens a découvert que la vitesse de la lumière varie d'un milieu à un autre, il nous dit que *le rapport des vitesses de la lumière dans deux milieux donnés est constant.* Il énonce ainsi une loi éminemment simple, dont la loi de la réfraction se déduit immédiatement.

En vertu d'idées préconçues, les anciens préféraient à toute autre la simplicité des mouvements circulaires et uniformes. Bien qu'ils aient beaucoup compliqué leurs systèmes d'épicycles, ils n'ont pu réussir à plier le mouvement des planètes au mode de simplicité qu'ils avaient arbitrairement choisi.

Kepler a trouvé la simplicité avec l'ellipse et Newton a réduit les lois de Kepler à une forme encore plus simple et beaucoup plus générale en éliminant de son énoncé la variable temps et ne laissant subsister, dans l'expression finale, d'autres variables que la distance de deux astres, leurs masses et la force qui s'exerce entre eux.

Une même loi naturelle peut donc revêtir des formes de complication très diverse, suivant que le choix des variables est plus ou moins heureux.

Quand on aura fixé qualitativement les $n-1$ conditions d'où dépend un phénomène mesurable y et qu'on voudra déterminer les lois numériques qui le régissent, on s'astreindra, en général, à maintenir constantes toutes ces conditions moins une. Le phénomène, c'est-à-dire la fonction y ne dépendra plus alors que d'une seule variable indépendante x. On fera choix d'une méthode et d'instruments de mesure et l'on obtiendra une série de valeurs correspondantes, d'x et d'y. Si l'on a écarté ou corrigé toutes les erreurs systématiques, ces nombres ne sont plus affectés que d'erreurs accidentelles. Nous supposons d'ailleurs l'erreur relative sur chacun d'eux suffisamment petite.

Pour découvrir quelle relation entre x et y s'accorde le mieux avec notre tableau de nombres, diverses voies s'offrent à nous. Nous n'en indiquerons qu'une seule.

En premier lieu, nous prendrons les x pour abscisses, les y pour ordonnées et nous construirons une courbe. Au lieu de joindre chaque point aux deux points les plus voisins et ainsi de suite, de proche en proche, ce qui donnerait une ligne polygonale brisée, on s'efforce au contraire de construire la courbe la plus régulière possible, en laissant à peu près autant de points en dessus qu'en dessous. Peut-être le trait de crayon ainsi tracé ne passera-t-il rigoureusement par aucun des points que nous nommerons *expérimentaux* parce qu'ils équivalent rigoureusement aux chiffres fournis par l'expérience. Peu importe. Nous avons confiance dans la régularité, la continuité des phénomènes naturels. La courbe nous paraît préférable à la ligne polygonale. Nous estimons que, si elle est assez habilement tracée, la distance de chaque point expérimental à la courbe, comptée sur l'ordonnée correspondante, représente justement l'erreur accidentelle de la mesure. Notre présomption se trouvera confirmée si : 1° dans toute l'étendue de la courbe ces distances affectent le caractère accidentel, c'est-à-dire sont, à peu près en nombre égal, positives ou négatives, et 2° si chacune d'elles est notablement inférieure à la limite des erreurs que comporte l'emploi de l'instrument de mesure. Dans le cas contraire, la courbe a été mal construite, ou l'on s'est trompé dans l'évaluation de l'erreur limite.

La courbe, supposée bien construite, est la représentation graphique fidèle de la loi cherchée, dans l'intervalle couvert par les mesures. Si l'on poursuit seulement un but pratique, il est inutile de formuler autrement la loi ; car si l'on veut savoir quelle valeur de y correspond à une valeur de x donnée, il suffit de relever cette valeur sur la courbe. D'autres expériences, en nombre quelconque, réalisées avec les mêmes instruments, fourniraient des points situés au-dessus ou au-dessous de la courbe, mais dans son voisinage immédiat et de façon qu'aucun caractère ne permettrait de distinguer les nouveaux points expérimentaux de ceux qui ont réellement servi à la construction.

Dans bien des cas, les ingénieurs s'en tiennent là ou bien ils se bornent à substituer, aux tableaux de nombres primitifs, des tableaux rectifiés sur la courbe empirique, et donnant les valeurs de y pour une série de valeurs de x très rapprochées, afin qu'on puisse interpoler à simple vue.

Ils peuvent aussi chercher, par des tâtonnements, une relation mathématique entre y et x, telle que si l'on y substitue à x les nombres du tableau rectifié, elle donne les valeurs de y correspondantes. C'est ce qu'on appelle établir une formule empirique. Une telle formule n'a pas, en général, de signification théorique simple. Tout ce qu'on lui demande, c'est de résumer sous la forme la plus brève possible les nombres d'un tableau. Sous un petit format, un manuel pratique pourra contenir un grand nombre de ces formules. Elles remplaceront plusieurs gros volumes de chiffres, mais avec cette aggravation que l'ingénieur devra calculer chaque nombre dont il aura besoin.

Les physiciens sont souvent réduits à se contenter provisoirement de formules empiriques. Il en subsiste beaucoup dans l'étude expérimentale de la chaleur, par exemple.

Mais ces formules ne sont pas considérées comme l'expression définitive de lois physiques. Quand on étudie les phénomènes plus complètement, dans un intervalle plus large, il arrive d'ordinaire que la vraie loi se dégage. Elle est telle que dans l'intervalle correspondant aux anciennes expériences, elle donne, pour une même valeur d'x, des valeurs de y qui se confondent presque avec les valeurs calculées par la formule empirique. Mais elle en diffère par une signification physique généralement simple.

Pour découvrir une loi physique, il faut se laisser guider à la fois par la forme des courbes expérimentales (ou des formules empiriques qui les remplacent) et par quelque idée préconçue, sauf à abandonner cette idée, si elle s'adapte mal à la réalité. Ainsi Kepler, attaché d'abord à l'antique préjugé des mouvements circulaires et uniformes, le rejeta à la suite de tentatives infructueuses pour représenter ainsi le mouvement de Mars. Il dut renoncer successivement à l'uniformité du mouvement et à la forme circulaire et il se trouva conduit, pas à pas, à la loi des aires et à la forme elliptique de l'orbite.

L'étude de la compressibilité isotherme des gaz nous fournira un exemple remarquable de l'histoire d'une loi physique.

De 1661 à 1676, Robert Boyle en Angleterre, puis l'abbé Mariotte en France, étudient indépendamment l'un de l'autre le problème de la compressibilité de l'air. Ils mesurent les volumes dans des tubes jaugés plus ou moins grossièrement. Les pressions sont évaluées en colonne de mercure, sans précautions spéciales. Les expériences sont faites à des pressions supérieures et à des pressions inférieures à la pression atmosphérique, mais dans un intervalle fort restreint. On ne se préoccupe pas de la température. On n'exécute de corrections d'aucune sorte.

Malgré ces procédés sommaires, une loi se dégage immédiatement. Les volumes varient en raison inverse des pressions. Mariotte et Boyle trouvent cette loi très satisfaisante, car elle est simple ; ils se gardent de creuser davantage. Leurs contemporains, leurs successeurs, se contentent de vérifications aussi peu précises. La science est immobilisée sur ce point pour plus d'un siècle et demi.

Pour mieux nous rendre compte de ce qui a été fait depuis, imaginons qu'un physicien, en possession de toutes les ressources actuelles des laboratoires, mais d'une ignorance absolue en ce qui concerne la compressibilité des gaz, reprenne aujourd'hui la question. Il constatera que le volume d'une masse de gaz dépend de deux variables indépendantes, la pression et la température. Il devra d'abord s'astreindre à maintenir la température invariable pour n'avoir à considérer qu'une variable indépendante. Il fera donc usage d'un thermostat ou d'un bain de vapeur dans lequel se trouvera placée la chambre de compression. Celle-ci sera jaugée au mercure avec tous les soins, toutes les corrections désirables. La méthode d'observation sera telle que le volume mesuré ne devienne jamais trop petit, car alors l'erreur relative sur le volume serait grande et la précision deviendrait illusoire. Si les pressions ne sont pas trop considérables, elles seront mesurées en colonne de mercure. Au delà, on fera usage de manomètres moins précis, mais cependant tels que les erreurs relatives sur la pression et sur le volume, demeurent toujours comparables. L'ensemble des résultats sera représenté par une courbe.

Un examen sommaire des tableaux de nombres ou de la courbe représentative conduira immédiatement notre physicien à la loi de Mariotte. Dans sa région moyenne, la courbe est très analogue à une hyperbole équilatère asymptote à l'axe des volumes et à l'axe des pressions. Le volume varie donc à peu près en raison inverse de la pression ou, en d'autres termes, le produit du volume par la pression, à température constante, doit être sensiblement invariable.

Pour savoir ce qu'il en est, prenons un point vers la région moyenne de la courbe, relevons son ordonnée et son abscisse et faisons le produit. Répétons la même opération pour un certain nombre de points de plus en plus éloignés de part et d'autre. Nous allons constater des divergences systématiques croissantes. Nous avons franchi une étape importante. Nous savons désormais que la loi de Mariotte n'est pas rigoureuse.

En 1829, deux physiciens éminents, Dulong et Arago, à l'aide d'appareils déjà précis, constatèrent, en effet, qu'à des pressions de l'ordre d'une trentaine d'atmosphères l'air se comprime un peu plus que ne le voudrait la loi de Mariotte. Mais, à ces pressions, leurs expériences comportaient une erreur relative notable sur la mesure des volumes. Leurs travaux ayant, malheureusement, été interrompus, ils ne purent faire toutes les vérifications désirables. Ils préférèrent admettre qu'ils s'étaient trompés plutôt que de renoncer à une loi universellement acceptée, parce qu'elle était simple.

Un physicien illustre, auquel la méthode expérimentale doit quelques-uns de ses progrès les plus décisifs, Regnault, e\... ue aujourd'hui, par le dédain des jeunes générations, une sorte de royauté exclusive de plus d'un quart de siècle. Regnault osa le premier qualifier la loi de Mariotte d'inexacte. Il constata qu'aucune hyperbole équilatère ne suffisait à représenter dans leur ensemble les expériences très précises qu'il avait poussées jusqu'à trente atmosphères. Les écarts de la courbe expérimentale, par rapport à l'hyperbole qui convenait le mieux au voisinage de la pression atmosphérique, accusaient une allure nettement systématique. Ils étaient bien supérieurs à la limite des erreurs expérimentales ; ils se manifestaient même, d'une manière appréciable, dès la pression de deux atmosphères. Tous les gaz, sauf l'hydrogène, se comprimaient plus que ne l'indique la loi.

Regnault représenta les écarts de la loi de compressibilité réelle par rapport à la loi de Mariotte à l'aide de formules empiriques. La loi de Mariotte se trouva [presque reléguée au rang de ces règles approchées dont un ingénieur se contente, mais qui ne sauraient satisfaire un physicien. La confiance dans la simplicité des lois naturelles était désormais ébranlée.

Une formule empirique n'est pas une loi. Le progrès de l'expérimentation semblait, dans l'espèce, avoir fait reculer nos connaissances.

Trop épris de précision, même superflue, Regnault avait préféré se borner à trente atmosphères mesurées à moins de un millimètre de mercure, que d'atteindre des pressions énormes, qu'il n'aurait pu déterminer qu'à une ou deux atmosphères près. Il s'interdisait ainsi d'étudier le phénomène dans une région qui, *à priori*, devait être très importante pour la fixation de la loi véritable.

Trente ans se passèrent avant qu'un autre physicien se décidât à tenter les expériences nécessaires. Elles furent faites par un Anglais, Andrews, portèrent sur l'acide carbonique et amenèrent la découverte du point critique. Mais, au point de vue où nous sommes actuellement placés, les expériences d'Andrews ne nous intéressent qu'en ce qu'elles donnent la courbe de compressibilité isotherme d'un gaz dans un intervalle très étendu vers la région des pressions croissantes. Le fait saillant à retenir, c'est que, quand la pression devient très grande, l'acide carbonique, qui d'abord se comprimait plus que ne le veut la loi de Mariotte, arrive à se comprimer moins et finit même par être aussi incompressible qu'un liquide.

Dans l'hypothèse moléculaire, on considère un corps comme formé de petites masses *incompressibles*, les molécules, susceptibles de s'écarter plus ou moins les unes des autres. Quand elles s'écartent, le corps se dilate, quand elles se rapprochent, il se contracte. Il y a lieu de distinguer le volume total du corps du volume réellement occupé par ses molécules. Il est clair que, si on comprime le corps, tout ce que l'on peut faire est d'en rapprocher beaucoup les molécules, peut-être jusqu'au contact, mais on ne peut aller plus loin. Le volume minimum que peut occuper un corps, quelque grande que soit la pression exercée sur lui, s'appellera le *covolume*. Dans le cas d'un gaz, ce covolume ne sera qu'une très petite portion du volume occupé par le gaz dans les conditions normales.

On s'explique donc comment l'acide carbonique peut devenir presque incompressible aux très hautes pressions. Les expériences d'Andrews serviront a fixer le covolume. Il suffira de déterminer graphiquement l'asymptote à la courbe de compressibilité parallèle à l'axe des volumes. Sa distance à cet axe sera le covolume.

La variable commode, celle qui, substituée au volume, permettra peut-être d'énoncer une loi simple de compressibilité, ce sera le volume proprement dit du gaz diminué du covolume, ou, par abréviation, *le volume intermoléculaire*. Cette remarque est due à Hirn. Le même physicien a émis l'hypothèse que l'autre variable simple différerait de la pression p par l'addition d'un terme positif π astreint à être fort petit au voisinage des conditions normales ; mais Hirn n'a suggéré ni la forme, ni la signification physique de ce terme. Il s'est borné à affirmer qu'il n'y avait pas lieu d'abandonner purement et simplement la loi de Mariotte, qui conserve toute sa valeur comme loi limite : il fallait seulement la modifier d'une manière rationnelle.

C'est à un physicien hollandais, Van der Waals, que revient le très grand honneur d'y avoir réussi.

L'étude des phénomènes capillaires a conduit les physiciens à admettre que les molécules d'un corps exercent les unes sur les autres des actions réciproques : très faibles quand la distance des molécules est grande, c'est-à-dire quand la densité est petite, ces actions peuvent devenir très énergiques quand la densité est suffisante. Les molécules d'un gaz sont certainement soumises à cette attraction, mais, dans les conditions normales, la densité est trop petite pour que l'attraction soit sensible.

Si on comprime suffisamment un gaz, les attractions moléculaires, devenues appréciables, agiront dans le même sens que la compression extérieure pour favoriser le rapprochement des molécules. Nous appellerons *pression totale* la somme de la pression extérieure p et d'un terme π que nous nommerons pression interne et qui résulte de l'attraction réciproque des molécules. La pression $p + \pi$ est celle qui, d'après Van der Waals, doit entrer en ligne de compte dans l'énoncé de la loi de compressibilité des gaz.

D'après Laplace, la pression interne doit, pour un même corps, varier proportionnellement au carré de la densité, c'est-à-dire en raison inverse du carré du volume spécifique. C'est précisément ce qu'a admis, après lui, Van der Waals. Il s'est trouvé que les expériences de compressibilité d'Andrews étaient représentées par la formule de Van der Waals avec toute l'exactitude désirable, non seulement au-dessus mais aussi en dessous du point critique, et de telle sorte que la compressibilité du liquide y obéit presque aussi bien que celle de la vapeur. Mais nous n'avons pas à insister ici sur cette belle généralisation. Il nous suffit d'avoir montré comment des expériences de plus en plus précises et étendues ont pu être successivement interprétées sous forme de loi physique.

Les expériences anciennes, relativement grossières et peu étendues, conduisent à une loi simple ; *à température constante, le produit du volume d'une masse donnée de gaz par la pression qu'elle supporte est constant.*

Des expériences à la fois beaucoup plus exactes et plus étendues montrent que la loi de Mariotte n'est qu'approchée, mais Regnault ne parvient pas à l'énoncé d'une loi physique proprement dite.

Enfin des expériences, non pas plus précises, mais beaucoup plus étendues, celles d'Andrews, se trouvent représentées par une nouvelle loi, presque aussi simple dans son énoncé que la loi de Mariotte : *le produit de l'espace intermoléculaire à l'intérieur d'une masse de gaz donnée, à température constante, par la pression totale qui règne à l'intérieur de la masse est constante.* La loi qui avait paru devoir se compliquer beaucoup s'est simplifiée de nouveau par un choix rationnel et heureux des variables entre lesquelles on l'établit. Elle a acquis en même temps une immense extension que les premiers expérimentateurs ne pouvaient même soupçonner.

La loi de Van der Waals paraît de nouveau insuffisante aujourd'hui pour représenter *dans le dernier détail* les expériences les plus récentes et les plus étendues sur la compressibilité des fluides à toute température, par exemple les expériences de M. Amagat. Les derniers essais de représentation exacte semblent donc ramener une complication qui à son tour disparaîtra sans doute, grâce à quelque tentative ingénieuse, appuyée sur des expériences encore plus parfaites et plus étendues.

Nous venons de voir comment, dans un intervalle d'environ deux siècles et demi, à la faveur des progrès considérables réalisés dans l'industrie et dans l'art de l'expérimentation, par l'association de résultats empruntés à diverses parties de la physique, grâce enfin à l'effort combiné des savants de tous les pays, collaborant dans un but commun, notre connaissance de la compressibilité des gaz s'est perfectionnée, donnant lieu alternativement à l'énoncé de lois simples et à une représentation par des formules empiriques. Ainsi la physique progresse par approximations successives.

Il se peut qu'on ait eu le bonheur de mettre la main sur la loi exacte, et dans ce cas, les progrès ultérieurs de l'expérimentation ne feront que lui apporter des confirmations toujours plus étendues et plus éclatantes. C'est ce qui est arrivé, depuis Newton, pour la loi de la gravitation universelle, depuis Coulomb pour les lois des attractions ou des répulsions électrostatiques ou magnétiques, etc. Mais il arrive aussi que les progrès de l'expérimentation rectifient et perfectionnnent un énoncé d'abord insuffisant, comme nous l'a montré l'exemple de la compressibilité des gaz.

Une infinité de formules peuvent représenter, à un degré d'approximation donné, une petite portion A B d'une courbe expérimentale. Supposons qu'on possède une de ces formules. Pour en trouver d'autres, il suffira d'ajouter à la valeur de l'ordonnée y une fonction d'x astreinte à demeurer, dans l'intervalle AB, plus petite que la limite des erreurs d'expérience. Toutes les formules ainsi obtenues, également bonnes dans l'intervalle AB, cessent de l'être au delà,

les divers termes ajoutés pouvant alors acquérir des
valeurs très différentes. Des expériences plus étendues décideront entre ces formules.

En attendant, un doute plane sur l'exactitude
absolue de toutes les lois expérimentales. Il n'en est
aucune, pas même celle de la gravitation, dont on
puisse affirmer qu'elle est à l'abri de toute rectifi-
cation possible, si celle-ci ne porte que sur des
grandeurs actuellement inaccessibles à nos moyens
d'observation. Notre connaissance du monde physique est toujours susceptible d'être perfectionnée.

Ce n'est pas toujours par l'exécution de mesures
directes qu'une loi physique se trouve vérifiée avec
le plus haut degré de précision. Il n'y a certes pas
de mesures plus directes et plus rationnelles que
celles de Coulomb pour établir la loi des attractions
et des répulsions électriques. Mais elles comportent
des erreurs systématiques qui deviennent graves
quand les distances sont petites, et qui limitent la
précision à un vingtième au plus. On n'a guère songé à
perfectionner ces méthodes, mais bien plutôt à
choisir parmi les conséquences de la loi de Coulomb
relatives à l'équilibre électrique sur des corps conducteurs, celles qui peuvent donner lieu aux vérifications les plus délicates.

L'électromètre absolu de lord Kelvin, dans lequel
on mesure l'attraction exercée par un plateau
conducteur sur une portion mobile détachée dans
un plateau parallèle, quand on établit entre les deux

plateaux une différence de potentiel déterminée, est un appareil beaucoup plus précis que la balance de Coulomb. Il permet d'opérer à des distances beaucoup plus petites et de vérifier avec bien plus d'exactitude la loi élémentaire des actions électriques.

Une expérience purement qualitative fournira des vérifications encore meilleures. Il résulte de la loi de Coulomb que la totalité de la charge fournie à un conducteur se porte à sa surface extérieure. Or on prouvera expérimentalement sans grande difficulté, qu'une sphère conductrice enfermée entre des hémisphères plus grands avec lesquels on la met en contact par leur intérieur ne conserve pas, après que les hémisphères ont été retirés, la millième partie de sa charge initiale, et on pourrait aller bien plus loin. Voilà un cas singulièrement favorable pour la vérification indirecte de la loi de Coulomb.

Notons que cette expérience et la précédente supposent la loi exacte à toute distance.

Quand les méthodes ordinaires du calcul infinitésimal conduisent à la considération d'un cas limite, dans lequel une très petite inexactitude d'une loi se manifesterait par des variations très grandes de la quantité mesurée ; ou encore quand elles font prévoir l'existence d'une région critique dans laquelle se produit un changement de régime de l'instrument employé, la considération de ce cas limite ou de cette région critique se prêtera à des vérifications particulièrement délicates, par suite très probantes de l'exactitude de la loi mise en cause.

Quand on détermine les lois de l'oscillation d'un pendule soumis à l'action combinée d'une force constante en grandeur et en direction et d'une force retardatrice proportionnelle à la vitesse, le calcul indique deux régimes possibles. Dans le premier, les oscillations sont amorties, c'est-à-dire que leur amplitude décroît en progression géométrique. Dans le second, le pendule revient à sa position d'équilibre sans osciller. Le passage d'un régime à l'autre dépend d'une manière connue du moment d'inertie du corps oscillant, de la grandeur du couple qui tend à le ramener à sa position d'équilibre, et de l'intensité de la force retardatrice. Vérifier expérimentalement la relation caractéristique du changement de régime, c'est vérifier indirectement, mais avec une précision extrême, que la force retardatrice est bien proportionnelle à la vitesse.

CHAPITRE VII

L'illusion. — Les fausses sciences

L'illusion. — La fée Morgane. — Le spectre du Brocken. — Les
fausses sciences. — L'alchimie. — La transmutation des métaux et la radioactivité. — L'astrologie. — Influences astrales.
— Les horoscopes. — Les présages. — L'oneiromancie. —
La chiromancie. — Conclusion.

Quand l'esprit s'égare sur une fausse piste,
les expériences de vérification réussissent d'autant
moins bien que les méthodes employées sont plus
précises, sujettes à moins de causes d'erreur. La
vérité appelée semble fuir. La réalité qu'on s'apprête
à saisir se rapetisse en raison directe de l'effort
tenté pour l'amplifier; finalement elle s'évanouit.

Cependant, certains préjugés sont tenaces et se
perpétuent pendant des siècles.

L'illusion qui leur donne naissance peut avoir des
origines diverses. Nous écarterons les cas purement
pathologiques, comme les hallucinations et tous les
phénomènes de la folie. Nous considérons un organisme normal, et un esprit sain, quoique naïf.
L'illusion consiste alors dans une fausse interprétation d'un phénomène extérieur réel.

Un objet matériel étant placé devant mes yeux, je le vois. Cette sensation est liée à la production, sur ma rétine, d'une petite image renversée de l'objet. Quand l'objet est placé derrière moi, si j'ai devant les yeux un miroir parfait, la petite image renversée se produit encore sur ma rétine. Je conclus à l'existence d'un objet placé derrière la glace et symétrique de l'objet réel. Ce faux jugement constitue une illusion. Nous apprenons vite à le rectifier, mais un animal, un très jeune enfant n'y parviennent pas. L'origine de cette illusion est une sensation visuelle dont l'objet est réel ; elle correspond à un phénomène physique bien défini, que l'habitude nous rend familier, mais dont l'interprétation complète ne peut être l'œuvre que d'une science déjà assez avancée.

Si, au lieu d'un phénomène banal, que notre industrie reproduit à volonté, nous avons affaire à un phénomène rare, de courte durée, lié à des circonstances exceptionnelles, l'occasion de rectifier notre jugement fera défaut et l'homme naïf ou insuffisamment instruit croira aisément à l'intervention de puissances surnaturelles.

On sait que la fée Morgane habite un merveilleux palais aérien, quelque part, vers le détroit de Messine. Ce palais n'a pas été vu que par des matelots superstitieux et ignorants. Parmi les observateurs dignes de foi, on peut citer M. le professeur Boccara, devant l'objectif duquel la fée Morgane a même daigné poser le 2 juillet 1901. On reconnaît sur l'épreuve les maisons de Messine et les arcades du chemin de fer qui s'élève vers l'intérieur de la Sicile. On voit que les fées ne sont déjà plus ennemies du progrès. Les mécréants, au nombre desquels j'ai le regret de trouver M. Boccara, diront que c'est un mirage dû à des circonstances locales, à l'inégal échauffement des couches d'un air légèrement brumeux. Ils ne convaincront pas les pêcheurs de la côte de Reggio.

On connaît le spectre du Brocken. En voici la plus ancienne relation scientifique[1] :

« Environ quinze jours après la Saint-Michel, par un beau coucher de soleil, observé du sommet du Brocken, au moment où le disque commençait à descendre sous l'horizon, je vis subitement, à l'est, la silhouette du Brocken, très agrandie, flottant dans la direction d'Halberstadt. Tout se dessinait si nettement dans le brouillard qu'on distinguait la maison, chacun des assistants et tous ses mouvements. Dans la plaine basse, il faisait déjà nuit et ce fantôme colossal semblait s'en élever. Son contour se colorait des couleurs du crépuscule. Dès que le soleil fut couché, l'image s'évanouit.

« Ce phénomène ne se voit pas en été et est même fort rare en automne. Ce sont les brouillards légers des soirs d'automne qui sont les supports ordinaires de ces images ».

1. Silberschlag, *Géogénie ;* d'après le dictionnaire de Gehler.

J'ai été, moi-même, témoin de ce phénomène, assez fréquent au sommet du pic du Midi de Bigorre.

Un brouillard montant de la plaine, au nord, formait devant nous comme un mur et se dissolvait peu à peu sans nous atteindre, tandis que nous étions en plein soleil. Je vis ma propre image entourée d'une auréole resplendissante ; j'étendis les mains, des rayons semblaient s'en échapper. Cette image subsista quelque temps, puis, le brouillard achevant de se dissiper, l'auréole se tordit comme en un tourbillon de flammes et l'image disparut. Une personne crédule se fût prosternée dans la poussière. Je dois avouer que je n'en fis rien.

Le spectre du Brocken se produit aussi dans les brumes, à la limite de la terre et de l'eau, au fond de golfes ou de fiords profonds. Il se prête à toutes les illusions. Il a pu donner naissance à bien des légendes. De la plate-forme du château d'Elseneur, Hamlet a cru reconnaître l'image du roi, son père ; Macbeth, escorté de deux compagnons, rencontre les trois sorcières sur la lande de Culloden, au fond du golfe d'Inverness. Au plus fort de la mêlée, les cavaliers scandinaves ont sans doute coudoyé la chevauchée des Walkyries, répétant leurs gestes de fureur et les incitant au carnage.

Dans les traditions homériques, les dieux apparaissent toujours dans un nuage. Leur demeure habituelle est l'Olympe, haute montagne apparemment visitée par les brumes.

Parlerai-je des halos solaires complets, produits par des cirrus très légers et qui peuvent simuler des croix lumineuses dans le ciel? Des phénomènes physiques aussi rares et aussi surprenants trouveront toujours une interprétation en rapport avec les croyances, les préoccupations actuelles de ceux qui en sont les témoins.

Il serait illogique de rejeter, sans examen et de parti pris, tout ce qui semble prêter à l'illusion. Il convient, au contraire, en ce cas, d'examiner de très près les phénomènes. On a chance de trouver ainsi quelque chose de nouveau.

Les médecins attribuent une vertu curative plus énergique à certaines eaux minérales quand elles sont prises au griffon. Si ces eaux sont exemptes de matières organiques altérables ou de substances colloïdes qui évoluent, si on les porte exactement à la température de la source, le chimiste se refuse à admettre que leurs propriétés puissent se modifier avec le temps. Mais on vient à découvrir les matières radioactives, et il se trouve que beaucoup d'eaux minérales sont radioactives au moment où elles sourdent à la surface du sol : les médecins triomphent. Peut-être une expérimentation prolongée établira-t-elle que la vertu radioactive est indifférente ou même nuisible au point de vue médical. Il n'en résulterait cependant pas d'une manière nécessaire que l'affirmation des médecins soit inexacte.

A côté des sciences proprement dites, qui progressent sans fin, l'histoire nous montre de fausses sciences qui, suivant une marche inverse, finissent par disparaitre d'une manière complète. Cependant l'effort qu'elles ont suscité n'est pas demeuré absolument vain pour le progrès général des connaissances humaines.

Parmi les sciences dont le nom seul subsiste, il faut faire une place à part à l'alchimie.

L'alchimiste poursuivait un but intéressé. Faire de l'or, prolonger la vie, deux rêves également chers à ceux qui aspirent aux biens réels ou imaginaires de l'existence ; deux propositions qui, en soi, ne semblent pas plus étranges que tant d'autres paradoxes, devenus des réalités.

L'idée de l'unité fondamentale de la matière est sans doute aussi vieille que l'esprit scientifique ; ne l'admettons-nous pas en quelque manière quand nous considérons un kilogramme de plomb et un kilogramme de liège comme équivalents sous un rapport particulier, celui des mouvements qu'ils reçoivent de l'application d'une même force ?

Nos ancêtres voyaient autrement que nous les qualités des choses. Nos langues modernes ne continuent-elles pas à désigner les qualités par des substantifs, tout comme des objets ? Par là elles reflètent encore la conception aristotélicienne qui fait de la qualité un être.

On croyait pouvoir isoler les qualités, les transporter d'un corps à un autre comme nous transportons de l'énergie. L'or et le plomb paraissaient assez analogues pour que l'idée de teindre le plomb en or parût naturelle.

Un certain nombre de faits mal observés semblaient donner raison aux alchimistes. Le plomb coupellé leur donnait un peu d'argent : ils en rapportaient l'origine à leurs pratiques. Si l'or dissous dans le mercure perd sa couleur et sa solidité, et paraît devenir mercure en s'incorporant à la masse liquide, pourquoi réciproquement le mercure ne pourrait-il devenir or ? A une époque où l'on ne songeait guère aux mesures, si ce n'est en géométrie, où la composition d'un corps paraissait susceptible de varier, l'illusion n'était-elle pas naturelle ?

L'avidité des faiseurs d'or tenait secrètes leurs méthodes. Le temps se perdait donc à renouveler sans cesse les mêmes essais infructueux. Au reste, l'industrie des orfèvres s'accommodait fort des recettes de fabrication de l'*asém*, alliage d'or et d'argent particulièrement tolérant et souvent adultéré par l'addition de métaux moins précieux. Le client y voyait parfois de l'or pur, au grand bénéfice de l'artiste.

Le progrès des sciences n'apporta aucun fait réel à l'appui de la transmutation, bien au contraire. Les réactions chimiques n'offrirent jamais que des combinaisons d'éléments simples que l'on en retirait toujours identiques à eux-mêmes. L'atome n'offrait point de prise. On ne savait ni le modifier, ni le décomposer.

Cependant on finit par découvrir les transformations allotropiques. Le phosphore ordinaire se transforme en phosphore rouge et inversement, et ces deux corps sont aussi différents par leurs propriétés physiques que l'or et l'argent, par exemple. L'atomicité d'un même corps se modifie : les sels ferreux diffèrent plus à certains égards des sels ferriques que des sels cobalteux. Mais la combustion des deux sortes de phosphore donne le même anhydride phosphorique et l'on tire le même fer réduit des sels ferriques et ferreux. Ce n'est pas la transmutation complète des alchimistes.

Dans ces dernières années la découverte des corps radioactifs, suivant de près celle des rayons cathodiques semble avoir définitivement brisé l'atome des chimistes. Les électrons négatifs passent pour identiques quelle que soit la matière qui leur a donné naissance. Est-on désormais sur la voie qui permettra de transmuer les métaux ? Jusqu'ici les transformations de corps radioactifs s'opèrent indépendamment de nous et d'une manière irréversible dans le sens des poids atomiques décroissants : le radium paraît engendrer de l'hélium ; l'hélium ne se transforme pas en radium.

On ne possède pas la panacée universelle, mais la science a déjà soulagé bien des maux. Par l'ensemble de ses bienfaits, elle a contribué à prolonger la vie moyenne. Il n'est pas téméraire de penser que nos successeurs découvriront des voies plus sûres et plus directes pour écarter la maladie, peut-être même pour retarder les effets de la sénilité.

L'astrologie était fondée sur l'hypothèse d'influences exercées par les astres sur les êtres vivants. Le soleil, par la chaleur qu'il nous envoie, est visiblement le régulateur de la vie à la surface de notre planète. La lune concourt avec le soleil à produire les marées océaniques et, si la chaleur qui nous vient d'elle n'est, pour ainsi dire, qu'un infiniment petit par rapport à celle que nous recevons du soleil, il n'est pas contraire à la raison d'imaginer qu'elle nous fournit de l'énergie sous d'autres formes. Il y a, sans contredit, des marées atmosphériques, mais la météorologie théorique est trop peu avancée pour permettre de tirer un parti quelconque de cette certitude soit pour la prévision du temps, soit même pour démontrer que l'influence attribuée vulgairement à la lune, rendue responsable de certaines intempéries, est purement imaginaire.

Quant aux planètes Mercure, Vénus, Mars, Jupiter, Saturne, etc., leur distance est si grande, par rapport à leur masse, elles sous-tendent un angle visuel si faible, qu'il est bien difficile d'admettre qu'une quantité appréciable d'énergie, sous quelque forme que ce soit, puisse être échangée entre elles et nous. Pour préciser, imaginons que l'une de ces planètes soit en radium pur. La quantité de rayons α, β, γ, qui pourraient nous en arriver annuellement ne représenterait encore qu'une quantité d'énergie tout à fait négligeable.

L'astrologue croyait cependant à une influence décisive de ces astres; il tirait ses horoscopes de leurs conjonctions ou de leurs oppositions.

Primitivement très simples, les règles de l'astrologie se compliquèrent beaucoup, si j'en juge par le traité d'Oger Ferrier, publié en 1.50 [1]. On devait tenir compte d'éléments si divers et souvent si contradictoires, les conclusions se présentaient d'une manière si confuse, qu'elles ne pouvaient manquer de toucher par quelques points à la vérité.

Il fallait d'abord connaître le jour, l'heure et la minute de la naissance, et dresser la carte du ciel pour ce moment. Des situations respectives du Soleil et de la Lune, on déduisait le temps que l'enfant avait dû passer dans le ventre de sa mère : c'était un nombre exact de jours pouvant varier de 258 à 288. On trouvait ainsi le jour, l'heure et la minute de la conception, et c'est d'après l'état du ciel à cet instant-là que se tirait l'horoscope.

Le zodiaque était divisé en douze maisons. On fixait la maison dans laquelle se trouvait chaque planète, et les prédictions dépendaient de la planète dominatrice (celle qui se trouvait dans sa

---

1. *Des jugements astronomiques sur les nativitez*, par Oger Ferrier, médecin natif de Tolouze. Ce livre est dédié : *A très illustre et très vertueuse princesse Madame Catharine, royne de France.*

propre maison), ainsi que de sa position par rapport aux autres planètes.

Veut-on savoir ce que signifie en elle-même la planète Saturne?

« Saturne ha regard sur la droite partie du Septentrion, sur la terre et l'eaue, sur la mélancholie, et aucunes fois sur la phlegme crasse, sur les oreilles, la ratelle, la vessie, l'estomach, les nerfs et les os. Et signifie gens pasles, pensifs, solitaires, craintifs, resveurs, graves, contemplatifs, laboureurs, massons, acheteurs de rentes, usuriers, messagers, pescheurs, marchans d'huiles, cuirs, poissons, tuilles, pierres, alums, etc. Des maladies, signifie lèpre, chancres, pourritures, fièvres quartes, opilations, hydropisies, flux de ventre, colique, herme, mole, podagre, chiragre, sciatique, sourdesse, épilepsie, incubus, folies mélancholiques, difficultez de respirer et autres engendrées d'humeurs crasses, ou de ventositez, qui durent longuement. Des aages, vieillesse. Des parties de l'an, l'automne. Des couleurs, le noir livide, plombin, tanné obscur. Des saveurs, l'aigre et adstringent, le poignant avec austérité. Des jours, le samedi. Des régions, Bavière, Saxe, Romandiole, Constance et le premier climat. Des lieux particuliers, cavernes, lacs, estangs, cloaques, édifices antiques et ruinez, cimitières, lieux tristes, obscurs, déserts et puants ».

Mais ces significations sont modifiées par l'habitat :

« Saturne en ses signes du Capricorne et d'Aquarius, ès nativitez diurnes, donne cognoissance et amitié de gens nobles et de crédit, et grandes richesses, principalement en l'ascendant avec la partie de fortune ; et fait l'homme grave, prudent, superbe, et mélancholique : et premier de tous ses frères ou plus avancé. Ès nativitez nocturnes, donne grandes peines et travaux, et beaucoup de maladies.

« Saturne dedans les maisons de Jupiter, qui sont Sagittarius et Pisces, fait l'homme beau, riche, puissant, ès nativitez diurnes : et nocturnes, noises contre gens d'authorité, et prochaine mort du père », etc.

Ces rêveries avaient encore grand crédit, au XVIe siècle. Mais, à mesure que la méthode scientifique progresse, l'astrologie perd tout le terrain que gagne l'astronomie, et, tandis que celle-ci s'enrichit et s'élève à des lois de plus en plus générales, l'autre perd en proportion de son prestige quasi religieux : il n'en restera plus rien, moins de deux siècles plus tard.

De l'astrologie, nous rapprocherons toutes les chimères relatives à la prévision de l'avenir, science des augures, oneiromancie, chiromancie, etc.

La science des augures était sans doute aussi minutieusement compliquée que celle des astrologues : la croyance à certains présages subsiste encore chez les personnes superstitieuses, comme un témoin attardé d'une tradition qui se perd dans la nuit des temps.

Ici encore, on se rend compte de l'origine des illusions. Il y a des signes précurseurs des orages atmosphériques, des éruptions des volcans ou.des tremblements de terre, des maladies, etc., et certaines personnes particulièrement attentives ou bien douées peuvent les saisir, ce qui frappe vivement l'imagination populaire. Les signes précurseurs ne sont en réalité que le commencement des phénomènes qu'ils annoncent. Quand les hirondelles rasent le sol, quand les personnes nerveuses, et même certains animaux manifestent une inquiétude avant-coureuse de l'orage, le thermomètre, le baromètre, l'électromètre, révèlent aussi, par des variations brusques et inaccoutumées, le commencement du trouble atmosphérique auquel l'orage mettra fin.

Les devins ont de tout temps pratiqué l'interprétation des songes. La nature de ceux-ci est évidemment en relation avec l'état du sujet, sain ou morbide, avec ses préoccupations habituelles, avec les circonstances de sa vie passée. L'observation scientifique, quand elle est possible, montre qu'ils sont étroitement liés au fonctionnement des organes pendant le sommeil, particulièrement à l'état du tube digestif, à celui du cœur. Un travail continu du cerveau évoque des images que l'intelligence tente de rallier aux sensations confusément perçues. La psychologie et la physiologie ont le plus grand intérêt à poursuivre l'analyse du sommeil et des songes.

Leurs découvertes profiteront évidemment fort peu à l'oneiromancie.

L'observation attentive de la main d'un criminel peut en apprendre long, sur son compte, à un policier retors. Il y démêlera des traces des occupations journalières et peut-être les indices assurés d'un crime récent. La chiromancie n'est donc pas absolument vaine quand elle s'attache au passé. La graphologie s'y rattache par des liens étroits. Une écriture a une personnalité : elle porte des traces de l'état physique du sujet, notamment de sa nervosité. De là aux prédictions des chiromanciennes et même aux prétentions outrées de quelques graphologues, il y a une distance appréciable.

Nous ne pouvons encore nous flatter de connaître qu'une faible parti des lois naturelles. Mais nous constatons qu'à mesure des progrès de la science, le domaine du merveilleux se rétrécit singulièrement. Non que le spectacle de la nature soit moins surprenant pour le savant que pour l'illettré bien au contraire. Plus on approfondit l'étude d'un phénomène, plus on demeure confondu de l'immensité de ce qui nous échappe par rapport au peu que nous sommes parvenus à pénétrer. Mais le savant et l'ignorant n'envisagent pas les choses de même. L'ignorant n'a pas la notion de lois immuables ; sa crédulité se prête à toutes les fables. Le savant, en possession d'un petit nombre de lois révélées par l'expérience et auxquelles il ne songe pas à se soustraire, parvient cependant, de temps à autre, à des résultats qui dépassent tout ce que l'autre espère d'interventions surnaturelles, pour lesquelles il n'est pas de lois.

S'il ne dépend pas de l'homme de suspendre le cours des lois naturelles, il peut au moins leur fournir des occasions singulières de produire leurs effets. Je soulève une vanne ; l'eau, en tombant, met en mouvement toutes sortes de mécanismes, et produit ainsi les résultats les plus étranges. Jamais l'eau d'un torrent abandonné à lui-même ne transformera la toison d'une brebis en une pièce de drap. Elle ne produira pas l'incandescence de lampes électriques placées à deux cents kilomètres de là. Et cependant, lorsque, grâce à l'intervention de l'homme, ces faits merveilleux se produisent, rien n'a été changé aux lois ordinaires de la pesanteur, de la mécanique et de l'électricité.

L'étude, encore bien incomplète, des maladies hystériques a permis de reproduire à volonté un certain nombre de faits attribués d'abord à des puissances surnaturelles et dont on commence seulement à débrouiller quelques lois. S'il est antiscientifique de nier ce qu'on ne peut expliquer, rien n'est au contraire plus légitime, plus conforme à l'esprit de la science, que d'observer attentivement les faits incompris, d'en analyser les circonstances et d'espérer de l'avenir une solution naturelle des problèmes les plus obscurs pour nous à l'heure présente.

SECONDE PARTIE

LES SCIENCES PARTICULIÈRES

CHAPITRE I

Origine des mathématiques.

Les mathématiques empruntent-elles quelque chose à l'expérience ? — La notion du nombre entier. — Celle de la droite. — L'invention et la démonstration.

La spéculation mathématique est celle où l'esprit jouit le plus pleinement de lui-même. Maître de ses données, qu'il peut choisir même en dehors du réel, il n'est limité par rien que par ses propres lois et il peut se reposer dans une certitude pour ainsi dire parfaite : la plus parfaite en tout cas qu'il nous soit possible d'atteindre.

La langue mathématique est la langue même de la raison. C'est pourquoi toutes les autres sciences la lui empruntent, dès que leurs progrès les amènent à traduire les faits observés par des relations quantitatives. L'étude des mathématiques est donc comme l'introduction obligée à l'étude des autres sciences. C'est aux mathématiques que le chercheur a constamment recours soit pour exprimer ses découvertes sous la forme la plus précise, soit pour s'éclairer sur l'étendue réelle de leur compréhension.

Dans un livre consacré à la poursuite de la vérité scientifique, nous ne pouvons nous dispenser d'étudier d'abord la vérité mathématique. Nous nous restreindrons bien entendu à ce que cette vérité a de plus accessible et de plus essentiel, au point de vue de ses relations avec les sciences expérimentales.

Comment s'est formée la science mathématique? Emprunte-t-elle quelque chose à l'expérience?

Le premier effort mathématique des hommes est si ancien qu'aucun texte écrit, aucun témoignage ne nous permet de remonter à ses origines historiques. On assure que la géométrie est née en Egypte : les Egyptiens auraient été contraints, par les débordements du Nil, à rechercher les bornes de leurs propriétés et, par conséquent, à mesurer des surfaces. Quoi qu'il en soit de cette légende, il est très naturel de penser que c'est par la sollicitation de nécessités matérielles que les hommes ont été poussés vers la découverte des premières vérités mathématiques.

Faute de mieux, ne peut-on chercher dans la constitution même des langues ou dans les premières manifestations d'intelligence de l'enfant quelques renseignements sur ce qu'ont pu être les mathématiques chez les plus anciens hommes?

Le langage des peuples primitifs est pauvre, prin-

cipalement quand il s'agit d'exprimer des idées abstraites. Les mathématiques procèdent essentiellement par abstraction, à partir des réalités concrètes.
Leurs éléments, même les plus simples, n'ont dû
se dégager qu'assez tardivement.

Soit, par exemple, la notion de nombre entier.
Les langues modernes distinguent le singulier et le
pluriel. Pourquoi le grec fait-il une place à part au
nombre deux ? En russe, le pluriel ne vient qu'après
quatre, comme si l'on eût d'abord compté sur les
doigts de la main, le pouce excepté, et que la multitude indénombrable eût commencé au delà.

On apprend encore aux enfants à compter sur les
cinq doigts : ils s'embrouillent quand il faut se servir des deux mains. Quand leur mémoire est assez
exercée pour retenir la succession des vingt ou des
cent premiers nombres, leur imagination ne leur
représente plus rien, et leur faculté d'abstraire étant
encore rudimentaire, la leçon apprise n'a pour eux
aucune portée.

La notion de nombre entier n'a donc pu se dégager que peu à peu, après une longue suite d'expériences. L'addition a d'abord été une expérience.
C'est, en somme, à l'expérience qu'on fait appel
pour prouver que le résultat de cette opération est
le même si l'on intervertit d'une manière quelconque
l'ordre des nombres à ajouter ; que, partant, dans
une multiplication, on peut intervertir l'ordre des
facteurs. Cela est si vrai que les mathématiciens

modernes définissent, par convention, des grandeurs telles que le résultat de leur multiplication change avec l'ordre des facteurs. Ce qui, de fait, nous vient de l'expérience devient donc, dans l'arithmétique rationnelle, un postulat, comparable au célèbre postulat géométrique d'Euclide.

Ainsi, dans une science suffisamment avancée, les notions se transforment. Les mathématiciens diront que la notion de nombre entier, telle qu'ils la comprennent, s'adapte à la réalité, mais que la réalité ne la contient pas : que c'est une pure création de l'esprit. La réalité ne nous offre jamais une collectivité d'êtres parfaitement identiques ; et puisqu'il n'y a pas, à proprement parler, d'unité pour n'importe quelle espèce d'objets réels, il ne peut non plus y avoir de nombre ailleurs que dans notre esprit.

De même, nous ne voyons nulle part de ligne parfaitement droite, même dans une petite étendue. Comment refuser à la droite indéfinie des géomètres la qualité de pure invention de l'esprit humain ?

Sans doute. Croyez cependant que l'esprit ne s'est pas élevé d'un coup à cette notion. C'est certainement par une série d'expériences qu'on est arrivé à se convaincre : 1° que si l'on va tout droit du point A au point B, on suit toujours le même chemin ; 2° que la direction AB peut être prolongée au delà de B ; 3° que la direction BA est sur la même droite et peut aussi être prolongée. Tout cela est compris implicitement dans la définition de la ligne droite.

Des notions telles que celles de nombre et de figure sont donc le résultat d'expériences et d'abstractions très anciennes, mais non essentiellement différentes de celles qui plus tard ont donné naissance aux définitions de toutes les grandeurs physiques, celle d'une quantité d'électricité par exemple. La physique tout entière peut, si on le désire, passer aussi pour une pure création de l'esprit, pourvu qu'on adopte un nombre suffisant de définitions conventionnelles, mais astreintes, comme les définitions du nombre entier ou de la droite, à une conformité avec l'expérience.

L'abstraction est d'abord instinctive; elle ne se précise que plus tard, par l'analyse que fait l'esprit de ses propres opérations. Voici un pommier couvert de fruits. Je sais bien que parmi ces pommes, il n'y en a pas deux qui soient pareilles. Elles diffèrent non seulement par leur grosseur et par leur forme, mais aussi par le nombre, l'état présent de toutes les cellules qu'y révèle l'examen microscopique. Mais ces différences n'apparaissent que par une étude détaillée. Au premier aspect, l'enfant ou le sauvage distinguera les fruits des feuilles par toute une série de caractères extérieurs qu'il saisit d'emblée : forme, couleur, etc., et il leur assignera un nom générique : *des pommes*, et, s'il est un peu plus instruit, il les comptera, sans y chercher finesse.

Les diverses notions mathématiques n'offrent pas toutes le caractère intuitif des précédentes. Elles sont d'un ordre plus ou moins élevé. Essayez de les inculquer à l'enfant, il en est qui ne représenteront rien à son esprit et auxquelles il sera rebelle, jusqu'à ce qu'il ait atteint une maturité suffisante. Si l'éducation ne fait que hâter les étapes nécessaires de l'esprit humain, il faut en conclure que l'ordre dans lequel les vérités mathématiques ont été découvertes n'était nullement arbitraire.

Sans doute, les mathématiciens de l'antiquité, comme leurs émules du temps présent, étaient libres de leurs conventions, à la seule condition de respecter la logique. Cependant leurs constructions étaient plus voisines de la réalité objective. La géométrie Euclidienne a précédé celle de Lobatchewski. La résolution en nombres entiers et positifs des problèmes du second degré a devancé et de bien des siècles l'étude des fonctions de variables imaginaires.

En mathématiques, comme ailleurs, il faut distinguer l'invention de la démonstration. Si la dernière est purement logique, si elle n'emprunte rien à l'expérience, la première y tient par toutes sortes de liens cachés.

Aucun mathématicien ne songera à me contredire si j'affirme que la découverte de plusieurs propriétés des nombres, parmi les plus curieuses, est, au fond d'origine expérimentale. J'observe fortuitement qu'un nombre composé d'une certaine manière jouit d'une propriété très spéciale. Il est naturel de chercher si d'autres nombres, composés suivant la même loi, présentent la même singularité. Que fais-je en m'en assurant, sinon une expérience ? L'expérience réussit. Je vais chercher maintenant la raison intime de son succès. Ce n'est pas l'expérience qui peut me la fournir. Je dois la tirer de moi-même. Mais, sans la remarque fortuite du début, sans les expériences qui ont suivi, je n'aurais peut-être jamais songé à la démonstration.

Des voies très diverses peuvent conduire à l'énoncé d'une même vérité mathématique. Les démonstrations diffèrent suivant l'éducation, les tendances, les habitudes du mathématicien. Elles en reflètent la personnalité. Tel d'entre eux voit plus clairement à travers les symboles coutumiers. Ses démonstrations affecteront une forme analytique. Tel autre est plus à son aise dans le monde des figures : ses démonstrations seront surtout géométriques. L'un ne fera rien que la craie à la main ; son attention, pour se soutenir, a besoin de se reposer sur des signes visibles, qui, pour ainsi dire, le suggestionnent. L'autre garde dans son cerveau une empreinte si profonde des figures et des symboles qu'il continue à voir sans le secours de ses yeux. Au fond, les uns et les autres édifient leur construction purement intellectuelle en s'aidant de signes matériels, vus ou rêvés. Leur science, dans sa genèse comme dans son expression définitive, conserve, malgré qu'ils en aient, quelque reste de l'objectivité dont ils s'étudient à la dépouiller.

CHAPITRE II

Les Mathématiques et la Métaphysique.

La géométrie grecque. — L'infini métaphysique et l'infini mathématique. — Le continu et le discontinu. — Infiniment grands
et infiniment petits de divers ordres. — Les approximations
en mathématiques.

Les Grecs, épris de la beauté sous toutes ses
formes, ne pouvaient manquer de pousser assez loin
la spéculation mathématique. A leurs yeux, la
géométrie avait l'avantage d'associer la perfection
de la forme à la beauté du raisonnement logique.
C'était un double attrait. Ils ont donné à la géométrie
un tour conforme à leur génie, poussant déjà à
l'extrême le souci de la rigueur. Mais ils n'admirent
comme solutions parfaites que celles qui dépendent
exclusivement de la droite et du cercle. Seuls, ces
éléments répondaient par leur simplicité, leur régularité, aux exigences particulières de l'esthétique
grecque.

D'ailleurs les Grecs n'étaient pas seulement mathé-
maciens. Ils étaient plus encore métaphysiciens. Ils
attribuaient à la droite et au cercle une perfection
idéale, une supériorité intrinsèque et, pour ainsi
dire divine. Ce n'est que pressés par des problèmes

particuliers tels que ceux de la duplication du cube,
de la trisection de l'angle, pour lesquels des constructions à la règle et au compas ne peuvent suffire,
qu'ils introduisirent, comme à leur corps défendant,
des courbes telles que la conchoïde, la cissoïde, etc.

Les Grecs mirent aussi un grand soin à éviter
l'emploi explicite de l'infini dans leurs raisonnements. Ici encore, ils obéissaient à une préoccupation métaphysique. Il est d'ailleurs extrêmement curieux de constater combien cette notion
d'infini mathématique a été longtemps embrumée
chez les modernes par des confusions qui n'ont
pas d'autre origine.

Fini signifie limité. La nature ne nous offre que
des objets limités. L'infini a donc été conçu par les
philosophes comme *le contraire du fini*. Cette notion
est métaphysique, c'est-à-dire en dehors de la nature,
inexistante au point de vue scientifique tel que nous
l'envisageons ici. Aucun lien logique ne peut relier
cet infini à l'expérience.

Tel n'est pas l'infini mathématique. Demeurons
d'abord dans le domaine du nombre. Soit un entier
n donné, invariable et un autre entier N que, par
l'addition d'unités successives, je puis faire croître
autant qu'il me plaira. A mesure que N devient plus
grand, la fraction n/N devient plus petite; N deve-
nant indéfiniment grand, n/N devient indéfiniment petit. Il tend vers zéro. Nous dirons que, dans
les mêmes conditions N tend vers l'infini. Zéro et

l'infini sont deux limites qui se correspondent. L'opération de la division, d'origine expérimentale, nous conduit en même temps à la conception de ces deux limites qui ne peuvent, pas plus l'une que l'autre, correspondre à des objets réels. Remarquons que *zéro* et *rien* ne sont pas toujours synonymes. Rien est l'absence absolue de quelque chose. Zéro n'est ici que la limite, conçue par l'esprit, d'un nombre fractionnaire dont le dénominateur croît indéfiniment.

Ainsi l'infini métaphysique est conçu par une opposition au réel, d'aucuns diraient par un non-sens; l'infini mathématique est défini par une limite dérivant essentiellement du réel, ou, par abréviation, qui convient au réel. Faute de bien établir cette distinction, on s'est exposé aux plus étranges quiproquos[1].

L'infini mathématique n'étant qu'une limite ne

1. Par exemple Montucla, auteur d'une histoire célèbre des mathématiques, et analyste d'ordinaire clairvoyant remarque que l'épicycloïde est une courbe algébrique ou transcendante, suivant que le rayon du cercle générateur est ou n'est pas commensurable avec le rayon du cercle directeur et que la cycloïde est transcendante. Il ajoute aussitôt :

« La cycloïde ordinaire n'est qu'une épicycloïde formée avec un cercle fini roulant sur un cercle infini. *Mais le fini et l'infini sont incommensurables.* Ainsi elle est dans le cas des épicycloïdes à base incommensurable avec le cercle générateur, et elle doit être transcendante comme elles. »

Or qui ne voit que si, laissant fixe le rayon du cercle générateur, on fait croître d'une manière continue le rayon du cercle directeur, le rapport des deux rayons passera successivement par toutes les valeurs possibles, commensurables et incommensurables et cela quelque grand que devienne le second rayon. La raison donnée par Montucla est donc dénuée de sens. Il attribue à l'infini mathématique une propriété qui ne résulte pas de sa définition.

cesse jamais de jouir des propriétés ordinaires des nombres. Le produit $N . n/N$ ne cesse jamais d'être fini et égal à n, même quand N est infini : ce qui signifie seulement que, quelque grand que soit N, cette propriété subsiste sans altération. De même la différence $N — (N — 1)$ ne cesse jamais d'être égale à 1 ; $2N$ d'être double de N, etc.

Au contraire l'infini métaphysique est un, il ne peut être augmenté ni diminué, sans quoi il cesserait d'être l'infini.

On conçoit donc la fin de non-recevoir opposée, par quelques métaphysiciens, à la conception d'infiment grands ou d'infiniment petits de divers ordres, qu'ils ont pu qualifier d'absurde, faute d'en comprendre le sens. $N^2/N = N$; et cela est vrai quelque grand que soit N. Quand N est infini, N^2 est donc infini par rapport à N. C'est un infiniment grand du second ordre. De même $1/N^2$ est un infiniment petit du second ordre, un zéro supérieur. De tels infinis ne sauraient être considérés séparément, *mais seulement les uns par rapport aux autres*. En disant que N^2 devient un infiniment grand du second ordre, je me borne à spécifier que la loi d'accroissement de N^2 par rapport à N est identique à la loi d'accroissement de N par rapport à 1, et cela quelque grand que soit N.

Si du domaine du nombre nous passons dans celui des figures, de l'arithmétique à la géométrie, nous passons aussi du discontinu au continu. Nous sommes aussitôt ramenés, par une autre voie, à la considération de grandeurs infiniment petites. Tous les efforts des géomètres grecs pour dissimuler cette notion, qui est dans la nature des choses, devaient demeurer incomplets. Quand nous remarquons, avec Euclide, que l'aire d'un triangle rectangle est la moitié de celle du rectangle construit sur les deux côtés de l'angle droit, la conviction acquise indirectement, à la faveur d'une superposition de figures, ne suffit pas à montrer *comment* on pourra couvrir de carrés unités cette surface limitée par des angles aigus.

Un manuscrit d'Archimède, découvert récemment par M. Heiberg, prouve que cet homme illustre avait devancé Leibnitz et Newton dans la considération des infiniment petits. Mais telle était la puissance de ce que nous appellerons la *mode* alors régnante en géométrie, que sa méthode ne put se vulgariser. Il semble même qu'elle n'ait pas eu ses préférences personnelles, qu'il l'ait plutôt considérée comme un expédient que comme une méthode géométrique parfaite.

On fait appel à la fois à la notion d'infiniment grands et d'infiniment petits quand, pour trouver le périmètre du cercle, on inscrit ou on circonscrit à sa circonférence un polygone régulier dont le nombre des côtés croît indéfiniment. Quand on dit que la circonférence du cercle est la limite commune vers laquelle tendent les périmètres de ces deux sortes de polygones, on admet implicitement que le produit d'un nombre infiniment grand par un nombre infiniment petit représente un nombre fini, si le degré d'infinitude de l'infiniment grand et de l'infiniment petit est le même.

Considérer une courbe comme la limite d'un polygone inscrit ou circonscrit, c'est ramener le continu au discontinu comme un cas limite, et permettre ainsi l'évaluation numérique des grandeurs continues. Le nombre est en effet discontinu, par sa définition, comme une ligne est continue par la sienne. L'abîme est franchi grâce à une série d'approximations. Ainsi les *mesures* appellent nécessairement les *approximations*. Celles-ci ne sont pas l'apanage exclusif de la physique. *L'approximation est une nécessité mathématique provenant de la double considération du discontinu et du continu, deux notions dérivant elles-mêmes de l'expérience.*

Suivant l'objet que l'on se propose, l'approximation, même en mathématiques, doit être poussée plus ou moins loin. En géométrie, le nombre des côtés infiniment petits du polygone inscrit à une courbe qu'il faut considérer *simultanément* est plus ou moins grand, suivant la propriété de la courbe qu'on veut mettre en évidence. Un seul côté du polygone détermine l'inclinaison de la tangente. La distance de la tangente à un point de la courbe infiniment voisin du point de contact est un infiniment petit du second ordre. Deux côtés adjacents du polygone déterminent le cercle osculateur, ou la courbure. La distance à la courbe d'un point du cercle osculateur infiniment voisin du point de contact est un infiniment petit du troisième ordre, etc.

Newton, le premier, a bien mis en lumière le rôle géométrique des infiniment petits. Dans les discussions dont son calcul des fluxions fut l'origine, ses admirateurs et ses disciples ne réussirent souvent pas mieux que leurs contradicteurs à s'affranchir totalement des préjugés métaphysiques qu'ils leur reprochaient.

La façon dont certaines personnes conçoivent l'exactitude absolue des mathématiques dérive aussi de préjugés métaphysiques. Nous avons vu que la mesure du continu ne peut se faire qu'à la faveur d'une approximation, indéfinie sans doute, mais inéluctable. La solution d'un problème algébrique quelconque ne fait aussi que masquer, sous une forme plus ou moins élégante, des tâtonnements et des approximations qu'on ne saurait éviter. Prenons pour exemple la formule bien connue de Tartaglia pour résoudre une équation du troisième degré qui n'admet qu'une racine réelle. Cette formule prévoit l'extraction de racines cubiques d'expressions qui contiennent déjà des radicaux carrés. Or qu'est-ce que l'extraction d'une racine carrée ou cubique, sinon une série de tâtonnements, c'est-à-dire d'expériences poursuivies méthodiquement pour aboutir à une approximation, d'ailleurs aussi grande qu'on voudra ?

CHAPITRE III

Les Mathématiques et les Sciences expérimentales

Développements simultanés des mathématiques et de la physique.
— L'algèbre. — Les équations ordinaires. — Les fonctions. —
Les coordonnées. — Application de l'algèbre à la géométrie.
— Application des mathématiques à la physique. — Les équations différentielles. — Les équations aux dérivées partielles.
— Rôle des mathématiques dans le développement de la physique. — Par elles-mêmes elles ne peuvent suggérer d'expériences nouvelles.

Les sciences que nous nommons aujourd'hui expérimentales n'ont pour ainsi dire pas existé dans l'antiquité. Leur essor ne date que de la Renaissance, et se montre désormais corrélatif du progrès des mathématiques.

Si on en excepte l'astronomie, qui donna lieu, des Chaldéens aux Grecs, aux Byzantins et aux Arabes, à des observations déjà assez précises, et en outre quelques propositions isolées telles que le principe d'Archimède, la loi de réflexion de la lumière, la science expérimentale, devancée par les arts mécaniques, se réduisit à des observations fortuites, à des inventions sans lien logique, plus comparables

12.

à un recueil de recettes utiles qu'à un corps de doctrine proprement dit.

La géométrie des Grecs suffit à leur astronomie : elle eut peu d'applications hors de là.

L'algèbre, avec Diophante, est un fruit tardif de l'imagination grecque. Elle ne fut pas poussée bien avant. On ne dépassa pas les problèmes qui dépendent d'équations du premier ou du second degré. Encore n'admit-on que les solutions en nombres entiers positifs.

En soi, un nombre négatif est un pur non-sens. Les racines négatives des équations n'ont en effet été considérées que comme de *fausses solutions*, jusqu'au jour où l'on a songé à les interpréter par un changement de direction sur une droite ou par la transposition du passé et de l'avenir. La remarque nous paraît bien simple. Cependant tout le moyen âge a passé avant qu'on s'en soit avisé.

A plus forte raison l'antiquité ne s'est-elle pas élevée à la considération des quantités imaginaires, introduites comme on sait par la résolution générale des équations du second degré. Aux yeux des Grecs, jamais une impossibilité n'eût passé pour une solution : cela eût répugné à leur génie, trop épris de clarté et de beauté, de cette sorte de beauté plastique qui ne saurait se passer d'un substratum réel.

La considération de quantités et de solutions imaginaires est donc absolument moderne. Elle correspond à un besoin de généralité, de simplicité dans les formules, de commodité dans les calculs qu'on n'a pas pensé payer trop cher en sortant décidément des bornes du possible. Mais comme la généralisation et la convention ainsi introduites ne sont pas contradictoires en elles-mêmes, qu'elles ne suspendent pas l'emploi des règles de la logique, dont le langage mathématique est l'expression la plus pure, il se trouve que la solution de certains problèmes réels se trouve facilitée, les calculs abrégés, par l'introduction de ces formes symboliques du domaine de l'impossible.

Une seule équation où figurent des quantités imaginaires équivaut en effet à l'ensemble de deux équations. On sait que la somme de deux carrés ne peut être nulle que si ces carrés sont nuls séparément ou, si l'on veut, que l'hypoténuse d'un triangle rectangle ne peut être nulle sans que les deux côtés de l'angle droit le soient. L'équation $a^2 + b^2 = 0$ et par conséquent $a \pm b \sqrt{-1} = 0$, qui n'est qu'une façon conventionnelle d'écrire la même chose équivaut donc à $a = 0$ et $b = 0$.

Dans l'algèbre primitive, les équations avaient toujours un second membre. On égalait un polynôme contenant l'inconnue (la *chose* comme on disait alors [1]) à un nombre donné. Ce n'est que plus tard qu'on s'avisa de faire tout passer dans le premier membre et de l'égaler à o.

1. Ce mot ne témoigne-t-il pas de la préoccupation essentiellement objective des anciens algébristes?

De l'équation ainsi écrite à la considération de la variation d'un polynôme en x, ou plus généralement d'une fonction de x, il semble qu'il n'y a qu'un pas. L'histoire des mathématiques apprend combien ce pas a été difficile à franchir. Or, de là dépendent l'application de l'algèbre à la géométrie, la représentation d'une courbe par une équation, en un mot, la synthèse de la théorie des nombres et de celle des figures.

Quand on a représenté par y la fonction $ax + b$, on n'a fait qu'envisager sous un jour nouveau l'équation.

$$(1) \quad y = ax + b,$$

entre deux variables y et x. Les anciens algébristes considéraient bien de telles relations, mais jamais isolément. L'équation (1) était nécessairement associée à une autre achevant de déterminer les deux inconnues x et y.

Convenons, avec Descartes, de représenter la position d'un point dans un plan par ses distances x et y à deux axes rectangulaires. La relation (1) est une condition imposée aux *coordonnées* x et y. Elle limite les positions possibles du point, lequel se trouve astreint à être sur une certaine droite. L'équation (1) caractérise cette droite. Si on établit une seconde équation,

$$(2) \quad y = a'x + b',$$

entre les mêmes variables x et y, le point x,y astreint à être à la fois sur deux droites, se trouve à leur intersection. Nous parvenons ainsi à une interprétation géométrique du problème de la résolution de deux équations du premier degré à deux inconnues. Mais, ce qui est plus important, nous fixons par des nombres la position d'une droite dans un plan.

Plus généralement, une équation quelconque entre y et x astreint le point x,y à une condition qui peut être considérée comme définissant une courbe. Cette courbe sépare le plan en deux régions. De part et d'autre de la courbe, l'égalité est remplacée par une inégalité, et cette inégalité change de sens.

Deux équations, c'est-à-dire deux conditions imposées à y et x, définissent deux courbes. Si les courbes se coupent, les deux conditions sont compatibles, et les points d'intersection représentent l'ensemble des solutions communes. Si les courbes ne se coupent pas, les deux conditions proposées sont incompatibles. Enfin si les deux courbes coïncident, tous leurs points répondent à la question et l'on dit que le problème est indéterminé. Ainsi la possibilité ou l'impossibilité d'un problème, son indétermination, reçoivent une interprétation géométrique. *Désormais l'algèbre et la géométrie sont devenues solidaires.* Tout progrès de l'une de ces sciences, jadis indépendantes, va amener un progrès corrélatif de l'autre.

Mais ce qui nous intéresse encore bien plus,

nous disposons maintenant d'une représentation géométrique applicable aux phénomènes physiques. Dès qu'on a défini une grandeur susceptible de mesure, par exemple l'espace parcouru par un corps qui tombe, il se trouve que cette grandeur est liée à quelque autre élément mesurable, par exemple la durée de la chute, de telle sorte que la variation de l'une des deux grandeurs entraîne nécessairement celle de l'autre. On dira que l'espace parcouru est fonction du temps. Muni d'un mètre et d'une horloge, le physicien mesurera les espaces e et les temps t correspondants, et trouvera que les espaces parcourus croissent comme les carrés des durées de chute. C'est une loi physique. Elle s'exprime par une équation entre e et t; et, si l'on considère e et t comme des coordonnées, par la construction d'une courbe qui se trouve être une parabole. Cette courbe nous permettra d'embrasser d'un coup d'œil les circonstances essentielles de la chute. Les mathématiciens nous ont appris toute une série de propriétés de la parabole. De là autant de théorèmes immédiatement applicables à la chute des corps.

Il est aisé de généraliser. Si on considère une fonction z de deux variables indépendantes x et y, on passe de la géométrie plane à la géométrie dans l'espace. x, y, z, sont les distances d'un même point à trois plans rectangulaires. Une équation liant z à y et à x représente une surface ; deux équations simultanées, une ou plusieurs branches de courbe, intersection de ces deux surfaces ; enfin trois équations simultanées, un système de points isolés.

Une grandeur physique peut dépendre de plus de deux variables indépendantes. Ainsi, pour fixer le mouvement d'un astre dans l'espace, il ne suffit pas de connaître les points où il passe ; on veut encore savoir l'époque à laquelle il occupe chacune de ses positions. L'une des coordonnées z est à la fois fonction des deux autres x et y et du temps.

Plus généralement, une grandeur physique peut dépendre d'un nombre $n - 1$ d'éléments distincts, et l'on est conduit à étudier mathématiquement des fonctions de $n - 1$ variables indépendantes.

Dès que n dépasse 3, il n'y a plus de *représentation* géométrique possible. Les mathématiciens n'ont pas reculé devant la fiction d'un espace à n dimensions. A considérer cette fiction en elle-même, on entre ainsi une fois de plus dans le domaine de l'impossible, sans quitter celui de la logique. On vient de voir qu'en réalité cette fiction recouvre les problèmes essentiellement réels posés par la mécanique ou la physique[1].

Mais c'est surtout à l'introduction du calcul infinitésimal que se rattachent les grands progrès de la

---

1. Il est curieux de constater avec quelle facilité un esprit, même fort distingué, peut se laisser prendre aux mots et attribuer la réalité à ce qui n'est qu'un symbole. L'œuf d'un singe et celui d'un homme présentent, à un moment donné, la plus grande ressemblance. Ils ne se différencieront que plus tard, au cours de

physique mathématique. Newton a été le premier à considérer des équations différentielles, et aussitôt conçues, il les a fait servir à la solution des problèmes posés par la gravitation universelle.

On désigne sous le nom d'équation différentielle une relation entre une fonction d'une variable et ses dérivées successives. L'étude de la dérivée d'une fonction, c'est-à-dire de la loi de son accroissement, nous initie profondément à sa connaissance.

Si nous représentons la fonction par une courbe, sa dérivée fixe l'inclinaison de la tangente. Définir une courbe par une relation qui ne contient pas d'autre dérivée que la première (équation différentielle du premier ordre), c'est donc la définir par une propriété de sa tangente.

De l'inclinaison de la tangente, dépend, par exemple, la longueur de la sous-normale. Si j'exprime que la sous-normale à une courbe possède une certaine longueur constante, j'écris donc une équation différentielle et, la parabole étant la seule courbe qui jouit de la propriété exprimée, l'équation différentielle caractérise des paraboles. Il est aisé de voir que ce n'est plus une parabole unique telle qu'on la représenterait par une équation ordinaire en y et x car, pour construire une courbe, définie

---

leur évolution. Zœllner affirme qu'ils diffèrent dans la quatrième dimension de l'espace. Cette quatrième dimension devient pour lui le réceptacle *réel*, quoique inaccessible à nos sens, de toutes les différences potentielles que nous ne parvenons pas à saisir actuellement.

seulement par l'inclinaison de ses tangentes, il faut se donner un point de départ qui *à priori* peut être un point quelconque du plan. A partir de ce point la courbe sera tracée sans ambigüité. En chaque point du plan passe en effet une parabole satisfaisant à la condition imposée.

Les équations différentielles où figurent des dérivées d'ordre supérieur caractérisent des propriétés d'une courbe plus intimes, qui font intervenir plusieurs côtés du polygone inscrit limite. Parmi ces propriétés, signalons, par exemple, la courbure, qui se détermine par deux côtés adjacents, et se définit par une certaine équation différentielle du second ordre.

Revenons actuellement à la notion de fonction.

On n'a d'abord considéré d'autres fonctions que des polynômes, ou plus généralement des fonctions qui font exclusivement appel aux opérations élémentaires de l'arithmétique, y compris l'extraction des racines. Cependant les anciens avaient défini des courbes engendrées par le mouvement d'un cercle, la cycloïde, par exemple, dont l'ordonnée ne peut s'exprimer par une fonction algébrique de l'abscisse. De même l'évaluation de l'aire d'une courbe algébrique, telle que l'hyperbole amène à définir une fonction irréductible à la forme algébrique, le logarithme. L'application de l'algèbre à la géométrie, le calcul infinitésimal introduisent une variété infinie de fonctions et, par suite, d'opérations nouvelles consistant dans l'addition d'un nombre infini de quantités infiniment petites. Le problème des aires, celui des volumes, celui des centres de gravité, déjà posés par les anciens, le problème plus récent des moments d'inertie, etc., engendrent ainsi une variété illimitée de fonctions dites transcendantes. L'intégration des équations différentielles en introduit encore et le mathématicien n'a que l'embarras du choix parmi les richesses qui s'offrent à lui de toutes parts. Il classe les fonctions, découvre entre elles des liens de parenté, des relations fécondes, qu'il ne sera pas seul à utiliser. Ce qu'il découvre dans le domaine de l'analyse pure, ce sont, en effet, des formes logiques qui conviennent à toutes sortes de réalités. Fréquemment le besoin de résoudre un problème de mécanique ou de physique est le mobile qui détermine son choix parmi l'infinité des formes mathématiques qui le sollicitent. Souvent aussi la découverte, pour ainsi dire fortuite, d'une forme qui ne paraît devoir intéresser que les mathématiciens, devient le germe d'applications mécaniques ou physiques de la plus haute importance. Ainsi le développement des mathématiques pures et des sciences physiques se trouve logiquement et historiquement mêlé, les mathématiques conservant cependant une avance qu'il est légitime de prévoir.

Les premières fonctions transcendantes qui se sont introduites sont d'une part les fonctions circulaires, sinus et cosinus; d'autre part, les fonctions exponentielles intimement liées aux logarithmes. Ces deux groupes, d'abord envisagés séparément, présentent entre eux des relations étroites que le calcul infinitésimal n'a pas tardé à mettre en évidence. Les exponentielles, les sinus et les cosinus jouissent, en effet, de la propriété curieuse de se reproduire périodiquement par voie de différentiation, avec ou sans changement de signe, et en se multipliant par un facteur invariable à chaque différentiation nouvelle. Dans cette sorte de génération, les exponentielles représentent la reproduction ordinaire d'une espèce, les fonctions circulaires la génération alternée.

Parmi les équations différentielles qui se présentent en physique, il est un groupe particulièrement simple et intéressant, où les dérivées des divers ordres n'interviennent que par leur première puissance et ne sont multipliées que par des coefficients constants. Ces équations sont dites linéaires. Les fonctions circulaires ou exponentielles en fournissent la solution la plus générale. Ces équations se prêtent donc essentiellement à la représentation des mouvements oscillatoires.

Veut-on déterminer le régime des oscillations infiniment petites d'un corps mobile autour d'un axe et soumis à l'action de forces constantes en grandeur et en direction? On est dans le cas du pendule géodésique, d'une aiguille de galvanomètre, de la bobine mobile d'un électrodynamomètre, d'un pendule électrique, d'un pendule de torsion, d'un système à suspension bifilaire, etc. Le mouvement peut être libre ou soumis à une action retardatrice proportionnelle à la vitesse du mouvement, frottement de l'air, induction électromagnétique, etc. Tous ces problèmes se ramènent à la considération d'une même équation différentielle du second ordre, à coefficients constants, et peuvent être traités d'un seul coup. Les divers cas d'oscillations isochrones, amorties ou non, et de retour apériodique à la position d'équilibre se trouvent condensés en une formule unique, dans laquelle le sens attribué aux diverses lettres et la valeur numérique qu'on devra leur assigner sont seules susceptibles de varier. L'application des mathématiques nous fait pénétrer la relation intime qu'ont entre entre eux tous les appareils dont nous parlons. Elle fait dépendre l'étude de leur régime, celle de leur sensibilité, la détermination des constantes qui les caractérisent d'une théorie unique, qu'on établit une fois pour toutes.

Le caractère essentiel des fonctions circulaires est leur périodicité. On prévoit donc que ces fonctions vont intervenir dans la solution de tous les problèmes de physique relatifs à des phénomènes périodiques: Soit à déterminer la variation de la température d'un point de l'écorce terrestre. Le sol s'échauffe chaque jour et se refroidit chaque nuit. La chaleur absorbée se communique, de proche en proche, aux couches profondes et y détermine des phénomènes d'échauffement périodique qui ont tenté le génie mathématique de Fourier. Le problème paraît d'abord inextricable. Fourier en a simplifié la solution en prouvant que toute fonction périodique imaginable peut être considérée comme la somme d'un nombre fini ou infini de termes en sinus ou en cosinus dont les arguments varient comme la suite naturelle des nombres 1, 2, 3, 4... On a fait en mathématiques pures les applications les plus variées de ce beau théorème, qui, transporté en acoustique, a rendu possible l'étude rationnelle du timbre des sons ; en électricité, celle des divers harmoniques superposés dans un courant alternatif industriel, etc.

L'usage pratique des fonctions circulaires et des logarithmes s'est tellement généralisé, qu'il a fallu promptement en dresser des tables, comme on en avait antérieurement faites pour la multiplication. Il ne suffit évidemment pas d'avoir défini une fonction dont le calcul numérique est parfois extrêmement laborieux. On réalise une économie de temps précieuse, en mettant à la disposition de toutes les tables calculées de la fonction, sinon pour toutes les valeurs de la variable, du moins pour des valeurs assez rapprochées pour permettre l'interpolation à simple vue. Les progrès des mathématiques amèneront sans doute l'emploi courant, en physique et dans les arts industriels, de fonctions plus complexes, dont les tables seront quelque jour aussi répandues que le sont nos tables de logarithmes ou les barèmes commerciaux.

Quand on passe d'une seule à plusieurs variables indépendantes, aux équations différentielles ordinaires correspondent les équations aux dérivées partielles. Si les variables indépendantes sont au nombre de deux, on peut considérer une équation aux dérivées partielles comme définissant des surfaces par une propriété de leur plan tangent, des courbures principales, etc. Et alors l'équation ne représente pas une surface unique, mais une classe de surfaces, parfois extrêmement étendue.

En physique, les équations aux dérivées partielles se prêtent à la représentation de lois très générales. Par exemple, une fonction y d'une coordonnée x et du temps t peut être définie par la condition que sa dérivée seconde par rapport à x soit proportionnelle à sa dérivée seconde par rapport à t. L'équation ainsi obtenue caractérise un mouvement qui se transmet dans la direction de l'axe Ox, et se reproduit successivement en tous les points qu'il atteint sans changer de forme et avec une vitesse de propagation constante. La loi du mouvement qui se propage demeure arbitraire, car l'équation ne caractérise que la propagation.

En changeant dans l'équation différentielle le seul coefficient relatif à la vitesse de propagation, la même équation s'applique indifféremment à la propagation d'un ébranlement élastique longitudinal ou transversal (tuyaux sonores, cordes vibrantes) d'une onde plane acoustique, optique ou électromagnétique. La forme de l'onde, simple ou composée, périodique ou non, demeure arbitraire.

Une fonction V de trois variables indépendantes x, y et z est définie par la condition que la somme de ses trois dérivées secondes, par rapport à chacune des variables, soit nulle dans une certaine région de l'espace. L'équation aux dérivées partielles du second ordre ainsi écrite, a d'abord été étudiée par Laplace. Elle caractérise la distribution des potentiels provenant de masses qui s'attirent ou se repoussent en raison inverse du carré de la distance, avec la condition que la région de l'espace considérée est extérieure à ces masses. Les potentiels se rapportent indifféremment à des masses électriques, magnétiques ou enfin à des masses matérielles obéissant à la loi de Newton. Ces masses peuvent être distribuées d'une manière arbitraire en dehors de la région de l'espace considérée. Cela ne modifie pas l'équation différentielle qui, sous une forme spéciale, ne représente rien autre chose que la loi même de l'attraction ou de la répulsion, proportionnelle aux masses et en raison inverse du carré de la distance.

Sans entrer dans plus de détails, nous pouvons déjà nous rendre compte des services que le physicien est en droit d'attendre de l'emploi des mathématiques. Pour effectuer ses mesures, il imagine des appareils. Leur fonctionnement doit être assez simple pour qu'on puisse en établir une théorie mathématique. A leur aide on établit des lois numériques qu'on représente ensuite par des formules. Celles-ci renferment des constantes que le physicien s'attache à déterminer avec précision. Pour cela, il devra fréquemment établir d'autres appareils, discuter des causes d'erreur nouvelles, etc. Les mesures entraînent des calculs, les calculs établissent la nécessité de nouvelles mesures. Les mathématiques fournissent les moules dans lesquels le physicien coule les données expérimentales pour leur donner une forme intelligible et pratiquement utilisable.

Si les vérifications expérimentales ne réussissent pas jusque dans le dernier détail, on devra conclure que les prémisses introduites sous forme d'équations étaient insuffisantes, que quelqu'une des lois physiques employées est incorrecte ou encore qu'un phénomène nouveau, qu'il conviendra d'isoler et d'étudier en détail, a modifié, à l'insu de l'expérimentateur, les conditions parfaitement définies dans lesquelles il a cru se placer.

Ainsi, les mathématiques sont, pour le physicien, un outil très parfait, très fidèle. Mais il ne doit jamais se laisser aller à y voir autre chose qu'un outil. Le moule ne contient ni plus ni moins que ce qu'on y a versé.

Au reste, une formule mathématique est, *par elle-même,* impuissante à suggérer des expériences vraiment distinctes de celles qui ont servi à l'établir et qu'elle résume. Pour cela, il est nécessaire de faire intervenir quelque élément extérieur à la formule, comme une autre loi physique ou l'un des principes de la mécanique.

Soit, par exemple, la formule ordinaire de la chute des corps,

$$(1) \qquad e = \frac{1}{2} gt^2.$$

Elle résume des expériences dans lesquelles on a mesuré des espaces e parcourus et les temps t employés à les parcourir. Elle résout complètement tous les problèmes relatifs à ce mode de chute; mais on n'en saurait tirer rien de plus.

Je puis, si bon me semble, définir la vitesse v d'un mouvement varié comme la dérivée de l'espace par rapport au temps et tirer ainsi de la formule (1) des espaces, une autre formule (2) $v = gt$, conséquence nécessaire de la première. Mais cela ne me fournit pas le moyen de faire une expérience de contrôle essentiellement différente des premières, car la vitesse n'étant que la limite du quotient de deux nombres représentant l'un un espace, l'autre un temps, tous deux infiniment petits, nous sommes seulement ramenés à mesurer de petits espaces de chute au lieu d'en mesurer de quelconques, grands ou petits.

Si, comme dans la machine de Morin, nous

voulons mesurer les vitesses, à la faveur de la combinaison d'un mouvement horizontal uniforme avec le mouvement varié vertical de la pesanteur, nous sommes obligés d'admettre que ce dernier mouvement ne trouble pas l'autre, c'est-à-dire d'appliquer l'un des principes de la mécanique.

Si, comme dans la machine d'Atwood, nous supprimons, à un moment donné, le poids additionnel qui met le système mobile en marche, il faut admettre que le système conserve sa vitesse acquise, c'est-à-dire faire appel au principe de l'inertie.

Nous ne pouvons pas davantage essayer de tirer de la formule (1) les lois du mouvement d'un corps auquel on imprime une certaine vitesse initiale soit dans la direction de la pesanteur, soit dans une direction oblique (mouvement des projectiles) sans faire appel aux mêmes principes.

Les mathématiques ne sont qu'un langage, et les lois d'un langage parfait doivent être telles qu'il n'ajoute et ne retranche rien au contenu d'une proposition une fois formulée.

CHAPITRE IV

L'Astronomie de position.

L'astronomie est la plus ancienne des sciences
physiques. Le prodigieux spectacle des nuits étoilées
de l'Orient a dû agir profondément sur l'imagination
de nos lointains ancêtres. Ils ont observé avec une
crainte religieuse et ils ont attribué aux astres une
influence mystérieuse sur leurs destinées. La religion a donc été intimement mêlée à l'astronomie
primitive, que nous voyons, en Égypte, aux mains
des prêtres. L'astrologie et l'astronomie sont contemporaines; elles ne se sont séparées que très
lentement. Kepler lui-même a encore publié des
écrits astrologiques.

Malgré ce singulier mélange, les observations astronomiques n'ont pas tardé à devenir relativement précises. Les plus anciens observateurs ne se servaient que de leurs yeux. Cela suffit pour reconnaître les faits les plus simples, tels que le mouvement diurne et le déplacement du Soleil sur l'écliptique; pour distinguer les planètes des étoiles fixes, enfin, pour fixer certaines périodes : l'année et même, à la rigueur, la période de dix-neuf ans qui ramène, à peu près, le Soleil et la Lune dans les mêmes positions relatives et dont la connaissance permet la prédiction approximative des éclipses.

Mais bientôt on a dû songer à des moyens plus précis d'observation. Le Soleil, divinité bienfaisante et terrible qui divise le jour de la nuit et règle les saisons, a dû être observé, tout d'abord, avec le plus de soin.

Le mouvement apparent du Soleil a pour conséquence la rotation et la déformation des ombres projetées par les objets. Un simple bâton, fiché en terre verticalement, constitue donc un instrument pour l'observation du Soleil. C'est le gnomon primitif. La longueur et l'orientation de l'ombre, ce que nous nommerions aujourd'hui les deux coordonnées polaires de son extrémité, suffisent à fixer dans l'espace la direction du Soleil. Le bout du bâton et le bout de l'ombre peuvent, en effet, être considérés comme les deux extrémités d'une sorte de lunette braquée sur le Soleil et rendent les mêmes services. Plus le bâton est long, plus l'observation est précise. On cite, dans l'antiquité, le gnomon qu'un mathématicien, du nom de Manlius, avait élevé à Rome, dans le cirque. C'était une pyramide surmontée d'une boule. Mais la tige du gnomon, ne servant que par son extrémité est, en elle-même, inutile. Au xv⁰ siècle, Toscanelli ménagea une petite ouverture circulaire dans le dôme de Florence, à 277 pieds au-dessus du pavé de l'église, et traça sur le sol une méridienne. Ce gnomon était équivalent à une tige de 277 pieds de haut. D'après le même principe, Cassini installa, en 1653, dans la cathédrale de Bologne, un gnomon qui, malgré sa hauteur plus faible, 83 pieds environ, était, pour l'époque, un instrument de haute précision.

Toute observation astronomique exige, comme celle du Soleil, la fixation de deux coordonnées de direction. Les anciens employaient, à cet effet, des armilles, cercles fixes ou mobiles, sur lesquels se déplaçaient deux repères, ou pinnules, diamétralement opposés, fournissant la ligne de visée. Une armille fixe, dans le plan du méridien, faisait l'office de nos lunettes méridiennes. D'autres armilles fixes représentaient l'équateur, l'écliptique. Des armilles mobiles tournaient autour des pôles de l'écliptique ou de l'équateur. L'ensemble pouvait rendre les mêmes services que nos équatoriaux modernes et dispensait même de certaines réductions qui eussent été singulièrement pénibles, eu égard à l'imperfection des méthodes mathématiques que l'on employait alors.

Mais il ne suffit pas de fixer les coordonnées d'un astre à un moment donné : il faut encore mesurer le temps. Les anciens n'avaient pas d'instrument pour cela. Chaque observation astronomique devait donc être encadrée entre des observations d'une étoile fixe connue, dont la position servait à fixer l'heure.

Grâce au gnomon et aux armilles, les Grecs firent des observations assez exactes. Mais les progrès de leur science furent gênés par l'idée préconçue, d'ailleurs instinctive chez tous les hommes, que la Terre est le centre du monde. Malgré l'opinion isolée de quelques philosophes, comme le pythagoricien Philolaüs, qui transportaient ce centre sur le Soleil, les astronomes grecs, notamment Ptolémée, s'obstinèrent à imaginer des mécanismes compliqués en harmonie avec leur fausse hypothèse.

Le système de Ptolémée n'admet que des mouvements circulaires et uniformes. Le Soleil se meut sur un cercle excentrique par rapport à la Terre. La Lune et les planètes se meuvent sur des épicycles portés sur des cercles excentriques. L'ensemble du mécanisme est infiniment moins simple que celui auquel nous sommes arrêtés depuis Newton. Il conduit à attribuer aux étoiles, supposées distribuées sur une sphère concentrique à la terre, des vitesses de rotation prodigieuses. D'ailleurs, si les observations des anciens eussent été plus exactes, l'édifice ne se fût conservé qu'en se compliquant pour ainsi dire indéfiniment. Mais la mécanique pratique, au temps où vivait Ptolémée, était encore assez rudimentaire. Les armilles, malgré leurs grandes dimensions, ne pouvaient donner ce qu'on obtient aujourd'hui, même avec des cercles fort petits.

Les épicycles de Ptolémée rendaient à peu près compte de ce que l'on savait. Malgré les objections graves qu'il soulevait, le système était cohérent. C'était, à tout prendre, une magnifique synthèse de la science astronomique. Que d'efforts n'avait-il pas fallu pour en arriver là; que de préjugés déjà vaincus! La Terre est considérée comme ronde et isolée dans l'espace, contrairement à l'opinion vulgaire; le Soleil, la Lune, les autres planètes sont détachés de la voûte céleste, celle où brillent les étoiles fixes et reportées à diverses distances de la Terre. Les planètes ne sont plus les astres errants des anciens hommes; leurs orbites sont tracées d'une manière invariable. Il en est de même pour la Lune, la changeante Diane, aux caprices féminins. Tous les mouvements des astres obéissent à des lois déterminées. A ces lois, il ne manque que la simplicité.

L'astronomie grecque, conservée par les Arabes et alliée par eux à un certain nombre de traditions orientales ne tarde pas à se confondre de nouveau avec l'astrologie d'où le génie grec l'avait séparée. C'est surtout à l'astrologie qu'on doit attribuer la continuité des observations astronomiques pendant le moyen âge. L'installation de grands instruments a été de tout temps coûteuse et peu à la portée de particuliers. Les princes ne ménageaient pas l'argent aux tireurs d'horoscopes ; ainsi, la munificence de Frédéric, roi de Danemark, permit à Tycho d'élever, dans l'île d'Huène, son célèbre observatoire d'Uranibourg. Un peu plus tard Kepler, plus sceptique que son maître Tycho, au regard des influences astrales, s'excusait de faire de l'astrologie en disant : « Il faut bien que la sœur bâtarde nourrisse la sœur légitime. »

L'astronomie eut de tout temps une application moins fallacieuse, celle de fixer le calendrier. Les révolutions de la Lune avaient d'abord fourni aux hommes des périodes sensiblement égales, qui ont donné naissance au mois. Douze de ces mois lunaires formaient à peu près, pas exactement, une année solaire. Cette année elle-même n'est pas d'un nombre exact de jours. Enfin les jours solaires, compris entre deux passages successifs du Soleil au méridien, sont inégaux d'une saison à l'autre. Ces défauts d'égalité et de concordance entre les diverses unités de temps, réalisées d'elles-mêmes dans le système solaire, sont bien fâcheux pour les décimalisateurs à outrance. Ils ont été aussi la pierre d'achoppement des faiseurs de calendrier. De là vient notamment l'inégalité donnée aux mois, que les Grecs faisaient alternativement de 29 et de 30 jours pour établir, à peu près, l'accord des mois et des lunaisons. Dans les calendriers julien et grégorien, on sacrifie cet accord approximatif à la nécessité de former un total annuel de 365 jours. On suit ainsi, à peu près, l'année solaire. De là encore les jours intercalaires de nos années bissextiles.

La question du calendrier a toujours été compliquée par des préoccupations religieuses. Chez les anciens, comme chez nous, le calendrier fixe la date des fêtes et ses imperfections les déplacent plus ou moins par rapport au cours du Soleil et de la Lune. Dans les Nuées d'Aristophane, la Lune se plaint déjà des législateurs. Les Dieux ne savent plus à quoi s'en tenir et, s'attendant quelquefois à faire chère lie au jour désigné, ils s'en retournent le ventre vide.

Plus tard, le concile de Nicée tâche de s'accommoder du calendrier julien pour la fixation de la Pâque catholique. La précession des équinoxes s'en mêle encore. C'est un pape, Grégoire XIII, qui attache son nom à la réforme du calendrier julien. Son autorité impose aussitôt la réforme à tous les Etats catholiques. Elle s'opère en octobre 1582. Mais les pays protestants s'attachent au calendrier julien. 117 ans se passent avant que les Etats de langue allemande adoptent le calendrier grégorien, réduit, bien entendu, à ce qui ne concerne pas la Pâque. L'Angleterre n'abroge l'usage du calendrier julien qu'en 1751, au bout de 169 ans. Enfin les pays attachés au rite grec ou orthodoxe, le conservent encore, malgré les inconvénients que présente, au point de vue politique et commercial, l'emploi d'une double date.

11.

Ne trouve-t-on pas là comme une mesure de la puissance des vieilles habitudes et de l'intensité de la passion religieuse chez les divers peuples ?

C'est encore à un pape, Paul III, que Copernic dédie, en 1543, son ouvrage *De revolutionibus cælestibus*, dans lequel il développe l'hypothèse du Soleil central, renouvelée de Philolaüs, mais appuyée cette fois sur un ensemble de considérations particulièrement frappantes. Copernic a d'ailleurs bien soin de ne la présenter que comme un système imaginaire. Il ne faut pas paraître s'insurger contre l'autorité de la Bible. « Les astronomes, dit-il, quoique persuadés qu'il n'y a dans le ciel aucun des cercles qu'ils y ont imaginés, ne laissent pas d'employer des hypothèses fondées sur ces suppositions contraires à la nature ; pourquoi ne pourrait-on pas supposer la terre mobile, s'il en résulte un calcul plus simple des phénomènes ? »[1] La double rétractation à laquelle Galilée fut contraint au siècle suivant, en 1616 et en 1633, montre à quel point Copernic avait été prudent.

Copernic n'a point publié de mesures. C'est grâce aux innombrables observations de Tycho et aux calculs patients de Kepler que le nouveau système s'est imposé au monde savant. Ce ne fut pas d'ailleurs sans de très longues, de très fastidieuses controverses. Elles durèrent plus d'un siècle.

---

1. Montucla, *Histoire des mathématiques*, tome I, p. 528.

On sait, par exemple, que Tycho-Brahé proposa une sorte de système transactionnel. Il abandonnait au centre Soleil les planètes ; mais il faisait tourner le Soleil avec tout son cortège et même les étoiles fixes autour de la Terre. Cet arrangement ne satisfit personne.

Tycho ne faisait pas encore usage de lunettes. Ce qu'on appelait de ce nom, au moyen âge, n'était qu'un tube long et mince qu'on adaptait parfois aux armilles pour remplacer les pinnules et mieux protéger l'œil de l'observateur contre la lumière diffuse. On sait qu'un tube de cette espèce peut permettre de voir, en plein midi, les étoiles les plus brillantes. Les instruments de Tycho étaient donc encore le gnomon et les armilles. Mais les arts mécaniques avaient fait des progrès. Les observateurs étaient devenus plus soigneux et plus habiles. Les observations des planètes, du Soleil et de la Lune faites par Tycho, souvent en vue d'horoscopes, étaient exactes à une minute d'arc près ; elles constituaient donc un véritable trésor astronomique. Kepler eut le courage de le dépouiller et de l'exploiter.

On sait que Kepler s'attacha d'abord à la planète Mars. D'essais en essais, de déceptions en déceptions, ce n'est qu'au bout de sept années qu'il parvint à lui assigner sa véritable orbite elliptique. Il a laissé en des termes très imagés la relation de cette longue lutte avec les nombres rebelles, qu'il parvint à maîtriser. [1] Kepler énonçait ces deux lois :

L'orbite de Mars est une ellipse dont le Soleil occupe l'un des foyers ;

Le mouvement de Mars sur son orbite n'est pas uniforme ; sa vitesse est en raison inverse de la longueur du rayon vecteur qui va du Soleil à l'astre. C'est la fameuse loi des aires.

Le succès remporté sur la planète Mars était le présage d'un succès analogue à l'encontre des autres planètes. Les calculs nécessaires occupèrent encore quinze années, au bout desquelles Kepler couronna son œuvre par l'énoncé d'une troisième loi :

Les carrés des temps de révolution des diverses planètes autour du Soleil sont entre eux comme les cubes des grands axes de leurs orbites.

Le travail de Kepler est un immortel modèle pour les physiciens cherchant à coordonner leurs observations. L'éducation scientifique de cet astronome devait d'abord lui faire repousser toute solution où on ferait usage d'autre chose que de cercles. Toutefois, devant des échecs répétés, il ne s'obstina pas ; il se résigna à chercher autre chose.

1. At dum de motibus Martis in hunc modum triumpho, eique ut plano devicto tabularum carceres æquationumque compedes necto, diversis nuntiatur locis, futilem victoriam, ac bellum tota mole recrudescere ; nam domi quidem captivus, ut contemptus, rupit omnia æquationum vincula, carceresque tabularum effregit. Jamque parum obfuit quin hostis fugitivus sese cum rebellibus suis conjungeret, meque in desperationem adigeret, nisi raptim nova rationum physicarum subsisidia, fusis et palantibus veteribus, submisissem, et qua sese captivus proripuisset, vestigiis ipsius, nulla mora interposita inhæsissem, etc.

Le cercle est un cas particulier de l'ellipse. On peut même dire que de toutes les courbes susceptibles de se réduire au cercle sous certaines conditions, l'ellipse est la plus simple. En dehors de son centre, elle offre deux points remarquables, les foyers. Etant donné qu'il s'agit de rendre compte d'une excentricité d'orbite, il est naturel de placer le Soleil à l'un de ces foyers ; puis, une fois les observations réparties sur l'orbite, avec leurs dates, de chercher la loi des vitesses parmi les plus simples que l'on peut formuler. On voit immédiatement que plus les rayons vecteurs allant de la planète au Soleil sont courts, plus ces vitesses sont grandes. La loi des raisons inverses, qui réussit, devait donc être essayée la première.

Dans le système de Ptolémée, tous les éléments des épicycles étaient arbitraires. N'est-il pas possible de relier par quelque loi les orbites des diverses planètes? C'est ce qu'à dû, à ce moment, se demander Kepler.

Visiblement, la durée de révolution des planètes est d'autant plus grande qu'elles sont plus éloignées du Soleil. Mais si l'on compare les durées de révolution au rayon moyen des orbites il n'y a pas de proportionnalité. La loi de variation des durées est comprise entre la proportionnalité simple et la proportionnalité au carré du rayon moyen. En essayant des lois intermédiaires, Kepler trouve que la proportionnalité à la puissance trois demi, c'est-à-dire à la racine carrée du cube, est la meilleure et que la coïncidence devient excellente si l'on fait intervenir non le rayon moyen, mais le grand axe des orbites. De là l'énoncé reproduit ci-dessus. Le terrain est désormais préparé pour la venue de Newton.

Kepler vient de réaliser une deuxième synthèse de la science astronomique. Celle-ci se résume en trois lois simples, mais en apparence indépendantes les unes des autres. De longues années s'écoulent encore, avant que, faisant usage des lois fondamentales de la mécanique, pressenties par Galilée, mais établies dans toute leur généralité par Newton, cet illustre savant parvienne à remplacer les trois énoncés par un seul encore plus simple. Il ne restera plus alors, dans le système solaire, d'autres données arbitraires que les masses des astres, la grandeur et la direction de leur vitesse à un moment donné pris pour origine.

Newton, par un trait de génie, réalise ainsi une synthèse infiniment supérieure à celles de Ptolémée et de Kepler. Non seulement elle s'applique à tout ce que l'on sait alors, mais elle ouvre pour l'avenir des voies extrêmement fécondes.

En premier lieu, les planètes ne décrivent des ellipses que si elles sont soumises à la seule action attractive du Soleil. Mais, d'après Newton, elles sont aussi soumises à leurs attractions réciproques, très faibles, en général, par comparaison à l'énormité de l'action solaire, toutefois différentes de zéro. L'effet

de ces attractions perturbatrices ne dépasse guère
l'ordre de grandeur des erreurs que comportaient
les observations de Tycho. Aussi Kepler a-t-il pu se
contenter d'ellipses. Des instruments plus parfaits
mettront en évidence les perturbations. La comparaison de leurs valeurs, observées et calculées, sera
la grande œuvre astronomique des deux siècles
suivants. Elle ne sera que le développement, le
triomphe de la loi de Newton.

L'accélération moyenne du mouvement de la Lune
dans son mouvement autour de la Terre, a été
trouvée par Newton, égale à l'accélération qui conviendrait à une masse soumise à l'action de la Terre
seule, mais transportée à la distance de la Lune.
Newton démontre par là cette vérité, entrevue
notamment par Hooke, que la pesanteur et la gravitation ne sont qu'une seule et même chose. Deux
masses placées à la surface de la terre doivent donc
s'attirer. La constatation et la mesure de ces attractions excessivement petites seront l'œuvre de Ca-
vendish et de ses successeurs. Ils devront imaginer
toute une série d'instruments infiniment délicats
dont la perfection sera la condition indispensable au
succès des mesures.

Enfin l'extension de la loi de Newton aux masses
extérieures à notre système solaire, étoiles et nébuleuses, dont les mouvements propres sont extrêmement petits est à peine commencée. Appliquée
aux deux composantes des étoiles doubles, elle a déjà

fourni des résultats fort intéressants. Elle promet au XXe siècle une riche moisson de découvertes.

Quelque magnifique que puisse paraître une puissance d'extension aussi extraordinaire, on mesurerait encore trop étroitement l'influence de la loi de Newton sur le progrès ultérieur des sciences en ne considérant que le seul domaine de l'astronomie. Les lois des actions électrostatiques et magnétiques ne sont que l'extension à l'électricité et au magnétisme de la loi de Newton. Laplace, en fondant la théorie de la capillarité, Ampère, en cherchant la loi élémentaire relative à l'action des courants sur les courants, s'en sont inspirés. Par la considération de forces centrales, Newton a, en quelque sorte, orienté pour un siècle et demi l'ensemble de la physique dans une voie déterminée. On ne trouverait pas ailleurs, dans l'histoire des sciences, la trace d'une action aussi féconde et aussi durable.

Revenons à l'astronomie. Du jour où, avec la loi de Newton, elle a trouvé sa base mathématique, sa synthèse définitive, cette science ne semble pouvoir plus progresser que par la perfection des instruments et des méthodes de calcul qu'elle appliquera à des vérifications de plus en plus complètes et précises ; ou encore par la découverte de nouveaux astres, de nouveaux systèmes stellaires, auxquels on essaiera d'appliquer la même loi. Tel était, à coup sûr, le sentiment d'un Laplace, d'un Bessel ou d'un Leverrier. Avant de montrer par quelle voie l'astronomie, rompant ce cercle trop étroit, a pu sortir du domaine de la gravitation, comment une science nouvelle, l'astronomie physique a pu se développer en dehors de l'astronomie classique, de celle qui est entièrement englobée par la loi de Newton, il convient d'insister, dans ce chapitre, sur les perfectionnements des instruments et des méthodes qui, en amenant l'astronomie de position à son développement actuel, ont en même temps préparé, rendu possible l'essor tout récent de l'astronomie physique.

Le progrès le plus important, au point de vue de la précision des observations, a été sans contredit l'emploi des lunettes. Le plus ancien de ces instruments, la lunette dite de Galilée, était formé d'un objectif convergent et d'un oculaire divergent, comme le sont encore aujourd'hui les lorgnettes de spectacle. Le travail des verres était relativement grossier, par suite les images manquaient de netteté. Elles étaient irisées sur les bords. Enfin, la lunette de Galilée n'admettant pas de réticule, on ne pouvait employer ces appareils à des pointés.

Leur unique avantage était le grossissement qu'ils comportent pour les objets dont le diamètre apparent est sensible, et l'accroissement d'éclat correspondant de ceux dont le diamètre apparent est si petit qu'on ne distingue pas leur image d'un simple point lumineux. Aux mains de Galilée et de ses contemporains, les lunettes furent donc des instruments d'exploration plutôt que de mesure. Leur emploi amena d'ailleurs immédiatement les découvertes des satellites de Jupiter, de l'anneau de Saturne, des phases de Vénus, enfin des taches du soleil. Dès cette époque, le progrès de l'astronomie est lié à tous les perfectionnements apportés aux lunettes. Le ciel est méticuleusement exploré et ses profondeurs paraissent d'autant plus peuplées que la puissance des instruments permet de les sonder plus avant.

Si l'on substitue à l'oculaire divergent des lunettes primitives un oculaire convergent, ce dernier fonctionne alors comme une loupe pour examiner l'image réelle fournie par l'objectif. On peut établir, dans le plan focal, des repères que la loupe permettra de voir en même temps que les images. Ce système de repères peut se réduire à une croisée de fils très fins, que l'on a longtemps empruntés au travail des araignées avant de savoir en produire artificiellement d'aussi avantageux au point de vue de la finesse, de la régularité et de la solidité. Si l'on couvre l'image d'une étoile par la croisée de fils, la ligne qui joint l'étoile à son image passe par le centre optique de l'objectif, c'est-à-dire que la ligne qui va de la croisée de fils au centre optique est la ligne de visée. Celle-ci se trouve ainsi définie avec toute la rigueur désirable. On peut désormais monter une lunette sur un cercle. L'axe optique de la lunette remplacera la ligne des fils des pinnules et, si la division du cercle est assez parfaite, si l'instrument est suffisamment bien centré, la précision des mesures croîtra en proportion du grossissement de la lunette. Inutile d'ajouter que si le cercle et le montage sont imparfaits, la précision apparente des pointés n'est plus qu'un leurre.

Si l'on multiplie les repères dans le plan focal, par exemple au moyen d'une série de fils croisés fixes ou mobiles, on aura réalisé un micromètre. La lunette est ainsi devenue propre à effectuer des mesures angulaires, indépendamment du cercle qui la porte. Imaginons que l'on amène les fils extrêmes à être tangents aux bords du disque solaire : l'angle que sous-tendent alors ces fils au centre optique de l'objectif est égal à l'angle que soustend au même centre optique le diamètre solaire. Il suffit que l'un des fils étant fixe, l'autre soit mobile par le moyen d'une vis micrométrique ; la lecture du tambour de tête de cette vis permettra de calculer immédiatement le diamètre apparent du soleil. On mesurerait de même la distance angulaire d'un satellite à sa planète, celle des deux composantes d'une étoile double, etc.

Il serait fastidieux d'énumérer les progrès réalisés dans la construction des instruments d'astronomie. Ils résultent de la découverte de l'achromatisme, des procédés de calcul d'objectifs, enfin des retouches locales apportées aux lentilles et aux miroirs pour rendre parfait leur aplanétisme.

Des progrès non moins importants ont été faits,

dans l'art du verrier, pour la fonte de grandes masses de verre parfaitement homogènes et présentant les qualités requises de dureté, de réfringence et de dispersion. Tout cela n'a été acquis que bien lentement. L'invention des lunettes avait précédé de plus d'un demi-siècle la découverte de la loi exacte de la réfraction, encore inconnue à Kepler; la taille des verres était encore si imparfaite vers le milieu du XVIIIe siècle que plusieurs savants [1], n'ayant pu reproduire exactement les expériences de Newton sur la simplicité des couleurs prismatiques, mettaient en doute leur exactitude; enfin les travaux de Foucault, sur la retouche rationnelle des surfaces optiques, ne remontent qu'au milieu du XIXe siècle.

Aujourd'hui, les lunettes et les télescopes astronomiques sont les plus parfaits des instruments de précision. Ils dépassent de bien loin tous les instruments de mesure employés dans les laboratoires de physique. Ce degré d'exactitude est imposé par l'état présent de l'astronomie. Dans bien des cas, une erreur d'une seconde d'arc serait considérée comme intolérable. Les mesures courantes sont faites au dixième de seconde d'arc, et l'on se rendra compte de ce que peut être une telle précision, si l'on rappelle que l'arc d'un dixième de seconde mesuré à la surface de la terre n'est que de trois mètres environ.

Les mesures de temps se font au moyen d'hor-

___

1. Marat par exemple. Montucla dit à ce sujet : « Il n'était alors qu'une bête; plus tard il devint une bête féroce. »

loges très parfaites dont la marche est contrôlée chaque jour par des observations méridiennes. Le battement de ces horloges, renforcé au besoin par un microphone, permet d'évaluer sûrement le dixième de seconde.

On peut aller plus loin. Il est admis aujourd'hui que la précision d'un top fourni par un observateur et enregistré par un chronographe peut atteindre le centième ou même le deux centième de seconde.

Une amélioration considérable des instruments équatoriaux a consisté dans l'introduction du mouvement d'horlogerie dont on les munit. Quand l'observateur déclanche ce mouvement, l'instrument se trouve animé, autour de l'axe du monde, d'une vitesse angulaire de rotation précisément égale à celle du mouvement diurne. Si donc à l'instant du déclanchement une étoile se trouve sous la croisée de fils, elle y demeurera indéfiniment. Cette disposition rend les mesures micrométriques particulièrement faciles. Elle a rendu possible la photographie stellaire qui exige une pose de quelque durée.

C'est un fait d'observation bien établi que, depuis l'invention des lunettes, les découvertes astronomiques les plus importantes viennent des observatoires où se trouvent les instruments les plus puissants et les plus parfaits. Le talent et l'habileté de l'observateur ne viennent plus qu'en seconde ligne.

Il ne faudrait cependant pas conclure que les instruments dont les dimensions sont les plus grandes soient aussi toujours les plus parfaits. Plusieurs grands instruments n'ont jamais pu être utilisés, j'entends pour des observations où leur précision nominale fût réellement nécessaire. La construction de miroirs ou d'objectifs de dimensions extraordinaires se heurte, en effet, à des difficultés presque insurmontables, tant à cause du défaut de parfaite homogénéité dans des blocs de verre dont le poids atteint plusieurs centaines de kilogrammes, que par suite de la difficulté de la taille.

Au cours de chaque retouche, l'échauffement produit masque partiellement l'effet de l'amincissement réel. Or, si on enlève un centième de millimètre d'épaisseur à une surface optique, on altère ses qualités d'une façon très appréciable. On risque donc à chaque instant de gâter d'une manière complète un travail presque arrivé à son terme.

N'oublions pas que la fixité de la ligne de visée d'une lunette dépend à la fois de la rigidité du tube qui supporte le système optique et de celle de l'objectif. Plus l'instrument est grand, plus les flexions sont à craindre. On parvient sans doute à tenir compte de la flexion inévitable de la lunette, d'autant plus grande que le tube est plus voisin de la position horizontale. Cette flexion ne fait que déplacer l'image, sans l'altérer. Elle ne nuit pas à la précision du pointé. Il en est tout autrement des flexions que subit un objectif de dimensions exagérées Ce que l'on gagne en éclat, eu grossissement angulaire,

on le perd et au delà par suite de la déformation, de
la mauvaise définition des images.

La transparence et l'homogénéité de l'air sont les
conditions extérieures d'une bonne visée.

Les sommets de hautes montagnes isolées, bien
dégagées des vases atmosphériques où sont plongées
les plaines et surtout les grandes villes, semblent
donc les emplacements désignés des observatoires
futurs. Fréquemment, à Paris, la brume est épaisse
ou bien le ciel est couvert de nuages très bas, alors
que sur les montagnes, le soleil brille de tout son
éclat. L'Amérique a pris l'initiative des observatoires
de montagne, avec celui du mont Hamilton. En
France, un grand instrument vient d'être installé à
l'altitude de 2.850 mètres, au pic du Midi de Bigorre.

Même avec une atmosphère transparente, et par
de belles nuits, les étoiles scintillent, c'est-à-dire
paraissent changer de couleur, s'éteindre et se
rallumer d'une manière parfaitement capricieuse.
La scintillation caractérise une atmosphère agitée
où se mêlent des couches d'air inégalement denses,
où, par conséquent, les rayons émanés d'une même
étoile éprouvent des réfractions irrégulières. Les
grands instruments recevant des faisceaux de rayons
incomparablement plus larges que la pupille, ces
réfractions irrégulières se compensent partiellement,
mais ne disparaissent pas. L'étoile, il est vrai, ne
paraît plus s'éteindre : mais son image oscille encore
irrégulièrement et les pointés deviennent illusoires.

Ainsi des causes multiples limitent la précision accessible. Celle que l'on atteindra désormais coûtera de plus en plus cher. Ici comme ailleurs, il semble qu'on tende vers une limite qu'il sera impossible de dépasser.

Il n'entre pas dans notre objet d'entretenir le lecteur des progrès des méthodes de la mécanique céleste. Dès que le nombre des centres qui s'attirent dépasse deux, c'est-à-dire pour le calcul des perturbations, les astronomes sont obligés de recourir à des développements en série particulièrement longs et fastidieux, qui seraient même inabordables si les masses agissantes étaient voisines les unes des autres. Dans le système solaire, les distances sont toujours très grandes par rapport aux dimensions des astres, et c'est à cette circonstance heureuse que tient le succès des méthodes en usage.

Le développement des méthodes mathématiques n'a eu d'utilité pratique que du jour où les instruments ont acquis la perfection nécessaire. Les travaux de Laplace ont suivi à un intervalle de plus d'un siècle les découvertes de Newton. Venus plus tôt, ils auraient été inutilisables.

Il a fallu que l'art de la construction des instruments eût atteint une perfection singulière pour que les observations d'Uranus, astre invisible à l'œil nu, aient pu, alors que depuis sa découverte, en 1781, la planète n'avait pas accompli le tour entier de son orbite, révéler sûrement une perturbation du mouvement de cette planète non attribuable à Jupiter, ni à Saturne, et qui ne pouvait être rapportée qu'à une ou plusieurs planètes inconnues, plus écartées du soleil qu'Uranus lui-même. Les calculs d'Adams et de Leverrier ont abouti, en 1846, à la découverte de Neptune. Ils ont très justement rempli d'admiration les personnes les plus étrangères à l'astronomie. Reconnaissons qu'ils n'auraient pu être entrepris plus tôt, faute des données nécéssaires.

Ainsi les progrès de l'astronomie mathématique sont solidaires des progrès, des observations et, par ricochet, ils se trouvent dépendre, en quelque mesure, de l'avancement des arts mécaniques les plus divers, tels que celui du verrier fondeur, du polisseur de verres, du tourneur sur métaux, du fabricant de machines à diviser les cercles, etc.

En dehors des instruments et des méthodes de calcul, les progrès de l'astronomie de position dépendent encore d'un facteur qu'il n'est pas en notre pouvoir de régler, le temps. La révolution de Neptune autour du soleil dure près de cent soixante-cinq ans. Cet astre n'est connu que depuis soixante ans environ. Au bout de combien d'années son orbite sera-t-elle déterminée d'une manière assez parfaite pour nous assurer qu'elle n'est pas perturbée par quelque planète encore bien plus éloignée et plus lente en son cours ? Tel phénomène, comme le passage de Vénus sur le disque du Soleil, utilisé pour la mesure exacte de la parallaxe solaire, ne se produit qu'à peu près deux fois en un siècle. Les mouvements propres des étoiles les plus voisines de notre Soleil ne dépassent guère 5 à 6 secondes d'arc. Combien faudra-t-il de temps pour qu'on décèle les mouvements propres d'étoiles incomparablement plus éloignées ; pour que, de l'ensemble de ces mouvements on puisse déduire quelques lois précises ; pour que la figure apparente de nos constellations se trouve plus ou moins bouleversée?

Jusqu'à ces dernières années, on n'avait, pour fixer l'état général du ciel, d'autre méthode que l'observation directe, faite étoile par étoile. La constitution d'une carte du ciel, fixant les positions de *toutes* les étoiles à un moment donné, paraissait une œuvre impossible. Les astronomes se bornaient à la publication de catalogues, comprenant quelques milliers d'astres, choisis parmi les plus brillants. Leur position très exactement connue fournissait ensuite des repères pour les mesures micromériques. Les mouvements propres d'étoiles ne pouvaient se déduire que de la comparaison de catalogues publiés à des intervalles éloignés.

La photographie est devenue, entre les mains des frères Henry, un procédé d'observations astronomiques extraordinairement rapide. Un seul cliché, que l'on obtient actuellement en une demi-heure de pose, contient environ 2.000 étoiles et fixe leurs positions relatives avec une exactitude comparable à celle que donneraient 2.000 mesures séparées. On

obtient ainsi, en une soirée, des documents équivalents au travail de plusieurs années. L'ensemble
des cartes, comprenant, par exemple, toute la région
du ciel visible à Paris, peut être conservé sous un
petit volume, étudié ensuite à loisir, suivant les
besoins. Et comme ces documents sont exempts des
erreurs individuelles, on a fondé sur eux les plus
grandes espérances. Ce sont des témoins de l'état
du ciel que nos neveux ne pourront récuser, des
matériaux que nous accumulons pour eux et qui
sans doute seront l'origine des plus curieuses découvertes. Déjà ces clichés facilitent la recherche
des petites planètes, si nombreuses dans la région
intermédiaire aux orbites de Mars et de Jupiter.
Dans la durée de la pose, le mouvement, relatif
d'une planète, par rapport aux étoiles voisines est
déjà assez sensible pour que son image ait l'apparence d'un trait, au lieu d'un point.

En dehors de l'œuvre internationale de la carte
du ciel, la photographie permet encore de multiplier
les documents relatifs à des phénomènes rares et de
courte durée, tels que les éclipses de Soleil ou les
passages de planètes sur son disque. Ses applications
sont surtout importantes dans les études d'astronomie physique. Mais c'est là un sujet qui mérite
d'être étudié à part.

Il est particulièrement intéressant de comparer
les avantages propres des catalogues et des cartes
photographiques. Au premier abord, celles-ci pa-

raissent devoir rendre ceux-là inutiles. Cependant la plaque photographique a aussi ses inconvénients. La sensibilité de la pellicule n'est pas rigoureusement uniforme aux divers points d'une même plaque, ni, à plus forte raison, d'une plaque à une autre. Malgré les très grands progrès réalisés dans les préparations photographiques, il se peut que, pour une même durée de pose, en tel point se fixe l'image d'une étoile de treizième grandeur, tandis qu'en tel autre, une étoile de douzième grandeur ne laissera qu'une impression très faible. Les circonstances atmosphériques constituent un élément variable, même par des nuits en apparence également sereines. Il est donc impossible de déclarer, à l'aspect de deux clichés relatifs à des régions du ciel éloignées, si la plus ou moins grande abondance, dans l'un des deux, d'étoiles du dernier ordre de grandeur observable doit ou non être attribuée à une circonstance fortuite (sensibilité de la plaque, pureté de l'atmosphère). Deux épreuves prises en des nuits différentes, dans la même région du ciel, présentent toujours quelque inégalité sous ce rapport.

Les mesures micrométriques faites sur un cliché sont aussi précises que des mesures directes, mais à une condition, c'est que le cliché se conserve identique à lui-même. La conservation des portraits photographiques prouve bien que, tout au moins, dans un laps de temps de l'ordre d'un demi-siècle, il ne se produit pas, au sein de la pellicule déve-

loppée et fixée, de déformations assez grandes pour
que la ressemblance soit altérée. Mais songeons à
quels déplacements considérables correspondrait la
transformation d'un portrait en caricature. Dans les
clichés de la carte du ciel, un déplacement de
un centième de millimètre correspond déjà à six
secondes d'arc. Il est à peu près équivalent au plus
grand mouvement propre annuel des étoiles. A-t-on
à craindre, au cours des années, que des déformations de cet ordre se produisent dans les pellicules?
L'application de la photographie à l'astronomie est
trop récente pour qu'on puisse répondre.

Ajoutons que la composition de la lumière émise
par les diverses étoiles n'étant pas la même, des
étoiles de même éclat n'ont certainement pas le
même pouvoir photogénique. Les grandeurs photographiques des étoiles ne coïncideront donc pas
forcément avec leurs grandeurs visibles. Ceci peut
engendrer des méprises, en cas de mouvements
propres un peu considérables, constatés au cours
des siècles.

Les cartes photographiques ne dispensent donc
pas dès aujourd'hui de la confection des catalogues.
La comparaison des uns et des autres sera souvent
nécessaire dans l'avenir pour assurer les conclusions
que leur emploi pourra séparément amener.

CHAPITRE V

L'Astronomie physique.

Découverte du spectre solaire. — Application aux astres des principes de l'analyse spectrale. — Découverte de l'hélium.— Raies telluriques. — Étoiles de divers types. — Principe de Döppler. — Évaluation des vitesses relatives des astres. — Sélénographie et Sélénologie. — Étude physique des planètes.

Les astres lointains ne nous révèlent leur existence que par la faible lumière qu'ils nous envoient. Telle étoile est d'un blanc bleuâtre, telle autre plutôt jaunâtre ou rougeâtre. Que pouvons-nous tirer de là ? On a dit, depuis longtemps, que les étoiles sont peut-être des soleils. N'est-ce qu'une hypothèse ? Et pouvons-nous savoir quelque chose de précis sur la constitution du soleil lui-même, celle des comètes, des nébuleuses, etc. ?

Tel est l'objet, en apparence paradoxal, de l'Astronomie physique, science née d'hier, puisque sa constitution en corps de doctrine ne remonte pas au delà de la seconde moitié du xixe siècle.

Quand Newton eut montré l'inégale réfrangibilité des couleurs du spectre et leur simplicité, il ne pouvait guère soupçonner tout ce que l'avenir devait tirer de là. Ce n'est d'ailleurs qu'en 1815 que Fraunhofer, pourvu de prismes et de lentilles beaucoup plus parfaits que ceux de Newton, observa une discontinuité dans les couleurs du spectre solaire. Il y reconnut un assez grand nombre de raies sombres qu'il catalogua. L'attention est dès lors éveillée sur ces raies. De nombreux physiciens préparent, par leurs travaux, la magnifique découverte que Kirchhoff et Bunsen n'opèrent que quarante ans plus tard. Ces savants, synthétisant les résultats de recherches éparses, prouvent que chaque métal est caractérisé par certaines raies qui, dans le spectre d'une source lumineuse terrestre, apparaissent brillantes ou obscures, suivant que la vapeur métallique est elle-même la source de lumière ou qu'elle est seulement interposée entre la source et l'œil. Ils confirment immédiatement leur découverte en isolant deux nouveaux métaux alcalins : le rubidium et le cœsium Dès lors, les raies sombres du spectre solaire sont attribuées à l'absorption exercée sur la lumière provenant de régions relativement profondes de la surface de l'astre par des vapeurs plus froides, formant atmosphère autour de lui.

Beaucoup de raies du spectre furent identifiées avec les raies brillantes de même longueur d'onde, obtenues en volatilisant des sels métalliques dans la flamme d'un bec Bunsen ou dans l'étincelle électrique. Elles appartiennent, par exemple, au potassium, au sodium, au magnésium, au calcium, au fer, etc.

Une raie comprise entre les deux raies D, signalée par M. Jansen lors de l'éclipse de 1868, ne put être identifiée. MM. Frankland et Lockyer l'attribuèrent à un élément inconnu sur terre qu'ils nommèrent *hélium*. Or, cet élément fut découvert vingt-sept ans plus tard, par Sir William Ramsay, dans les gaz extraits de la clévéite ; on l'a signalé depuis dans un grand nombre d'eaux minérales. N'est-ce pas la meilleure preuve de la légitimité de la méthode, ainsi appliquée à la physique astrale ?

On avait depuis longtemps signalé, pendant les éclipses totales de soleil, des protubérances ou flammes rosées qui paraissent projetées, comme par des éruptions gigantesques, jusqu'à de très grandes distances de la surface solaire. L'analyse spectrale a montré que ces protubérances sont formées, presque exclusivement, d'hydrogène. On sait comment, à la suite de l'observation d'une éclipse, MM. Jansen et Norman Lockyer parvinrent presque simultanément à instituer des méthodes pour observer les protubérances en dehors des éclipses, et cela d'une manière aussi courante que l'on observe les taches solaires, avec lesquelles les protubérances offrent des relations étroites.

Il ne peut entrer dans notre dessein même d'esquisser les progrès réalisés, à la faveur de l'analyse spectrale, dans la distinction des diverses couches de l'atmosphère solaire, non plus que dans la connaissance des grands phénomènes dont cette atmosphère est le siège. Le Soleil a encore bien des mystères, mais ce qu'on pourrait nommer sa *météorologie* s'éclaire peu à peu pour nous. Celle de notre globe, qui d'ailleurs en dépend, n'est pas comparativement beaucoup plus avancée.

Une part des raies sombres du spectre est due à l'absorption exercée par notre atmosphère; ces raies, dites telluriques, se distinguent des autres par l'accroissement considérable de leur importance relative au lever ou au coucher du soleil, lorsque l'épaisseur des couches traversées est grande. C'est à la prédominance de l'absorption atmosphérique que tiennent les teintes, virant au rouge, du soleil levant ou couchant. L'étude approfondie des raies telluriques perfectionnera notre connaissance de l'atmosphère terrestre, dont le régime général est encore mal défini.

Avant d'obtenir de bons spectres d'étoiles et de pouvoir les photographier, il a fallu bien des progrès dans la construction et le montage des spectroscopes. La spectro-photographie stellaire est aujourd'hui presque courante dans les observatoires. Le spectre des étoiles jaunes offre des analogies assez étroites avec le spectre solaire, pour qu'on ne puisse plus mettre en doute que ces étoiles sont des soleils comparables au nôtre. Les étoiles blanches ou rouges diffèrent surtout par l'intensité relative de leurs raies sombres. Il eut été naturel d'y voir des soleils à

16.

des phases différentes de leur histoire, les étoiles blanches présentant les caractères d'une condensation, d'un refroidissement moins avancé, les étoiles rouges, d'une condensation plus importante. Une communauté d'origine de toutes ces étoiles est rendue vraisemblable par la présence générale des mêmes éléments chimiques, de l'hydrogène, par exemple, qu'on retrouve partout.

Quelques étoiles présentent des raies brillantes, indiquant une prédominance des éléments gazeux. Les nébuleuses irrésolubles, les comètes sont complètement à l'état gazeux.

L'étude des modifications que présentent les spectres des gaz ou des vapeurs sous l'influence de la pression, de la température, de leur état électrique, des réactions qu'ils subissent, des influences diverses qui peuvent les rendre luminescents, est encore bien incomplète. Nous ne sommes donc pas en possession de tous les éléments nécessaires pour déterminer avec une précision absolue la constitution d'astres au sein desquels règnent des conditions physiques que nous ne savons pas encore réaliser. Des essais de cosmogonie générale ne peuvent donc être qu'ébauchés. Mais l'étude comparative qui se poursuit dans les laboratoires et les observatoires promet au moins, à l'avenir, des méthodes de contrôle, pour la discussion des diverses hypothèses cosmogoniques.

Parmi les modifications dont les spectres sont

susceptibles, il en est une sur laquelle je crois devoir insister. Elle se rapporte au mouvement relatif de la source par rapport à l'observateur.

Döppler a prouvé théoriquement et l'expérience confirme qu'une source sonore qui s'approche ou qui s'éloigne d'un observateur immobile frappe différemment son oreille. Le son paraîtra plus aigu si la source s'approche, plus grave si elle s'éloigne. Chacun peut en faire l'observation dans une gare où un train rapide passe en sifflant. Le ton s'abaisse très sensiblement à l'instant précis où la locomotive passe devant l'observateur.

Transporté en optique, le principe de Döppler fait prévoir un déplacement de toutes les raies spectrales du rouge vers le violet, si la source s'approche; du violet vers le rouge, si elle s'éloigne.

En vertu du mouvement de rotation du soleil sur lui-même, deux points pris à l'extrémité de son diamètre équatorial sont animés au même instant de vitesses égales et contraires; leurs vitesses, relativement à un observateur terrestre, sont donc différentes. Si, par un dispositif convenable, on amène les spectres de ces deux régions au-dessus l'un de l'autre, de telle sorte que leurs raies devraient coïncider, on constate un petit glissement d'ensemble; toutes les raies semblent brisées au point de jonction et déplacées, parallèlement à elles-mêmes, d'une quantité qu'on calcule *à priori*, connaissant le diamètre du soleil et la durée de sa rotation. Inversement, on pourrait déduire cette durée de rotation du déplacement observé du spectre.

On déterminera de même la vitesse de projection de l'hydrogène, qui forme les protubérances solaires, la composante de la vitesse propre d'une étoile dans la direction du rayon lumineux qu'elle nous envoie, etc.

Nous venons de voir comment l'astronomie a profité des progrès de la chimie et de l'acoustique. Il nous reste à apprendre quel parti d'autres sciences peuvent tirer de l'astronomie.

Bien entendu, nous laissons de côté la mécanique, qui va nous occuper au chapitre suivant.

L'imagination gracieuse des Grecs leur montrait, dans la Lune, la face de Phœbé. Dès que Galilée dirigea vers elle une lunette, il y aperçut des montagnes. De ce jour naquit ce que l'on a nommé la *sélénographie*, par analogie avec la géographie. D'abord confuse, cette géographie de la Lune se précisa peu à peu : les principaux sommets reçurent des noms; des espaces sombres furent pris pour des mers. Mais une mer ne peut subsister sans une atmosphère, et l'occultation des étoiles par la Lune révélerait, par des irrégularités faciles à prévoir, la déviation de leurs rayons à travers l'atmosphère lunaire. Cette atmosphère se manifesterait aussi pendant les éclipses totales. De plus, s'il y avait des mers, il y aurait aussi des nuages qui n'ont jamais voilé le moindre détail du relief de l'astre. Il n'y a donc pas d'atmosphère lunaire ; par suite, la vie végétale et animale, telle que nous l'observons sur notre globe, ne peut exister à la surface de la Lune.

L'application de la photographie a fait faire à la sélénographie des progrès rapides. Il suffit de citer les magnifiques épreuves obtenues par MM. P. Puiseux et Lœvy, au grand équatorial coudé de l'Observatoire de Paris. Elles ont permis à M. Puiseux de passer de la sélénographie purement descriptive à l'esquisse d'une *sélénologie*, analogue à notre géologie. Rien, à la surface, pourtant si tourmentée, de la Lune, ne rappelle les érosions dues à la double action de l'eau et de l'atmosphère terrestres. Les formes des montagnes sont purement volcaniques : elles révèlent des actions d'une extraordinaire intensité. Les plissements primitifs, les fractures, non modifiées par des actions consécutives, témoignent de la contraction due au refroidissement des couches superficielles et de la réaction des parties sous-jacentes, avec une netteté qui ne se retrouve pas à la surface de la terre continûment travaillée et modifiée en sens inverses par les érosions et par les sédiments. Ainsi, c'est dans la Lune qu'il faut aller chercher les confirmations les plus frappantes de nos théories relatives à la Terre. La très jeune sélénologie vient au secours de la géologie, son aïeule déjà vénérable.

On a reconnu, à la surface de Mars, des calottes polaires d'apparence glaciaire, dont les variations suivent exactement le cours des saisons martiennes.

Cette observation ne peut laisser de doutes sur l'existence d'une atmosphère de Mars. On a beaucoup discuté sur les canaux martiens; mais la grandeur et la netteté des images que nos meilleurs instruments sont en mesure de fournir sont encore trop faibles pour qu'il soit bien prudent d'aventurer des hypothèses à ce sujet. L'étude physique des autres planètes est encore moins avancée. Mais qui sait quelles surprises nous réservent les progrès futurs d'une science encore si jeune, et déjà si féconde en révélations imprévues?

CHAPITRE VI

La Mécanique rationnelle.

La mécanique chez les anciens. — Galilée. — Newton. — Rôle de l'expérience dans la constitution de la mécanique dite *rationnelle*. — Point matériel. — Solides rigides. — Fluides parfaits. — Insuffisance de la mécanique rationnelle. — Elle n'est que le premier chapitre de la physique. — Étude des notions fondamentales de force, de masse, de travail, de force vive et d'énergie. — Ces notions sont interchangeables.

Les progrès des sciences paraissent historiquement liés au degré de complication de leur objet. La géométrie qui ne fait appel qu'à la notion d'espace a devancé la mécanique qui fait intervenir les notions beaucoup plus délicates de masse, de force et de temps.

Le plus ancien problème de mécanique s'est sans doute posé à l'occasion du déplacement de fardeaux. On n'a pas tardé à observer que le levier multipliait la force d'un manœuvre. Archimède énonça les lois de l'équilibre du levier, auxquelles se rattachent les conditions d'équilibre des autres machines simples. La statique, plus voisine de la géométrie, puisque les notions de masse et de temps n'y interviennent pas, précéda donc de fort longtemps la dynamique, qui ne date que de Galilée.

Les anciens ne considéraient habituellement que l'équilibre de forces parallèles ; mais ils s'élevèrent à la notion de centre de gravité, qui en dérive. Il faut arriver à la Renaissance pour voir se dégager le théorème du parallélogramme des forces, clairement énoncé par Stevin.

Les Grecs surent évidemment que les corps s'accélèrent en tombant, mais non d'après quelle loi. Ils considéraient tout mouvement acquis comme sujet à se perdre de lui-même, conformément à l'observation journalière. Rien de plus confus que les raisonnements de leurs philosophes sur ces matières. D'après Aristote, si un corps continue à tomber, longtemps après avoir été lâché, c'est que l'air, qui le suit par derrière, continue à lui imprimer du mouvement.

Galilée montra, par l'expérience, l'effet de la résistance de l'air sur la chute des corps. Sa fameuse expérience de la Tour penchée, en contradiction avec l'autorité d'Aristote, causa à Pise un tel scandale que Galilée fut contraint de s'en exiler.

L'expérience de la Tour penchée fut suivie de celles du plan incliné, d'où Galilée déduisit la loi des espaces parcourus par un corps tombant en chute libre, puis de la loi du mouvement des projectiles.

Comme tous les chercheurs, Galilée était certainement guidé par des idées *à priori*. Elles impliquaient nos principes de l'inertie et de l'indépendance de l'effet d'une force sur un corps et du

mouvement déjà acquis par ce corps. D'après
Galilée, un corps abandonné à lui-même conserve
sa vitesse, et l'effet d'une force ne peut être que de
modifier cette vitesse. Si la force est constante, elle
communiquera au corps des vitesses égales dans
des temps égaux, d'où l'accélération uniforme du
mouvement.

Mais l'originalité de Galilée consiste moins encore
dans la justesse de ses vues si pénétrantes, que dans
son goût pour l'expérimentation. Les anciens philosophes espéraient deviner, par la raison pure, les
lois de la matière et créer de toutes pièces un monde
intelligible auquel le monde réel était tenu de res-
sembler. Galilée n'est satisfait que quand l'expérience
a confirmé ses vues. Il est ainsi fort en avance sur
la plupart de ses contemporains. On lui objecta que
les vitesses acquises *devaient* croître en raison des
espaces parcourus et non des temps. Cette loi
inexacte se trouve énoncée et défendue assez longtemps après que les expériences de Galilée en ont
démontré l'inanité.

Ces expériences étaient relativement précises.
Elles suffirent à imposer les nouveaux principes
que Newton développera et complétera plus tard.
Il est curieux de remarquer que toutes les expériences
sur la chute des corps qui sont postérieures à Newton, ont été faites exclusivement dans un but péda-
gogique, non pour exercer un contrôle. Les dispositifs si ingénieux, imaginés à la fin du XVIIIe siècle

par Atwood et au milieu du xɪxᵉ siècle par le général Morin, ont rendu les principes de la mécanique rationnelle tangibles, pour ainsi dire, à de nombreuses générations d'écoliers. Mais ni Atwood, ni le général Morin, n'ont entendu mettre en suspicion des principes qui, entre temps, avaient suffi à expliquer les mouvements des astres et à faire la théorie de toutes les machines industrielles, de tous les appareils de physique connus.

Actuellement, le problème de la chute des corps est pour ainsi dire retourné. Au lieu d'employer toute la précision expérimentale moderne à déterminer la loi des espaces parcourus en fonction du temps, on se sert au contraire de cette loi pour mesurer des temps avec une haute approximation. Dans les chronographes de chute, des contacts électriques enregistrent, sur un cylindre tournant, les passages du corps qui tombe devant des repères réglés à volonté. La distance des repères étant connue, par exemple au centième de millimètre près, le temps écoulé entre les deux passages est déterminé avec une approximation qui peut atteindre le cent millième de seconde.

Galilée n'a considéré d'autres forces que la pesanteur. Newton revêtit les principes de la mécanique de la forme mathématique qui assure la généralité de leur application. Dans ses *Principes de Philosophie naturelle*, il les présente comme des *axiomes*, non qu'il les considère comme évidents, ainsi que plusieurs de ses disciples l'ont fait à tort, même de nos jours, mais parce qu'ils sont à la base de l'exposition dogmatique qu'il en déduit. Newton est un disciple de Bacon. Toute son œuvre témoigne de sa docilité à prendre l'expérience pour guide. Il n'avait garde de considérer comme évidentes des notions qui avaient échappé à toute l'antiquité et dont la conquête a été si pénible et si lente.

On peut même dire que, loin d'être l'expression d'une évidence, le principe de l'inertie ne représente qu'une convention commode. Qu'est-ce faire, en effet, que priver d'abord la matière de toute activité propre à produire du mouvement, pour lui restituer, l'instant d'après, cette activité, én faisant de chaque point matériel un centre de force, comme dans l'étude de la gravitation, de l'élasticité, de la capillarité, etc. ? La matière inerte et l'énergie dont nous la douons après coup ne sont qu'un dans la réalité présente, celle du mouvement des astres par exemple.

Les principes de la mécanique sont essentiellement d'origine expérimentale. Ce ne sont que des expériences généralisées. Diverses observations d'ordre vulgaire s'interprètent en admettant l'indépendance de deux mouvements simultanés. J'affirme que cette indépendance va se manifester dans tous les cas, dans toutes les expériences *quelles qu'elles puissent être*. Mais on n'épuisera jamais les limites du possible. Par une extension d'une hardiesse surprenante, je brise le cercle étroit dans lequel une expérience faite semble nous enfermer et que tout l'effort de l'analyse mathématique serait, comme nous l'avons vu, impuissant à briser.

Au reste, des principes ainsi posés portent en eux, de par leur origine, comme une sorte de tache qui s'efface peu à peu et tend à disparaître à mesure que le succès de leur application est plus étendu. Nous sommes fondés à y avoir toute confiance. Mais comme leur raison intime nous échappe, il suffirait pourtant d'une seule expérience contraire pour nous contraindre à les modifier.

A l'aide des principes de Galilée et de Newton, la mécanique s'est constituée comme une branche des mathématiques, et son développement a profité de tous les progrès de celles-ci. Mon but n'est pas d'en détailler l'histoire. Je préfère insister sur les relations nécessaires de la mécanique et de la physique. A son origine, la mécanique ne pouvait être qu'une science expérimentale et, chemin faisant, la mécanique dite *rationnelle* ne cesse de faire à la physique des emprunts déguisés sous forme de définitions *à priori*.

La dynamique du point matériel est particulièrement simple, puisque les équations du mouvement se réduisent à exprimer que le produit de la masse par l'accélération, évaluée suivant trois axes rectangulaires est, à chaque instant, égale à la composante de la force exercée sur le point dans la direction de chacun de ces trois axes. Mais le point matériel n'est qu'une abstraction, contraire, en un sens, à la réalité des choses, puisque la masse d'un corps tend toujours vers zéro avec le volume occupé par ce corps, qu'il n'y a donc jamais de masse finie concentrée en un point géométrique. Cependant la propriété des centres de gravité permet de confondre le cas idéal d'un point matériel avec celui d'un corps qui, partant du repos, n'est soumis qu'à l'action de la pesanteur ou plus généralement à l'action de forces parallèles proportionnelles aux masses, dont la résultante se trouve ainsi appliquée au centre de gravité.

Quand il s'agit d'étudier le mouvement réel d'un corps de dimensions finies, soumis à des forces quelconques, les équations du mouvement ne peuvent être établies que si l'on connaît les liaisons existant entre les différentes parties du corps. C'est la physique qui détermine ces liaisons.

On parle, en mécanique rationnelle, de solides rigides et de fluides parfaits. Par définition le solide rigide n'éprouve aucune déformation, quelque grandes que soient les forces auxquelles on le soumet; le fluide parfait cède, au contraire, à la plus petite force et n'a d'autre forme d'équilibre que celle du récipient qui le contient. Tous les corps de la nature se placent entre ces deux extrêmes. Aucun d'eux ne les réalise exactement. Cependant l'expérience la plus vulgaire nous apprend qu'un bloc d'acier trempé se déforme très peu sous l'action de forces très considérables, et que les liquides communs, et surtout les gaz, ressemblent fort à des fluides parfaits. Quand on calculera le mouvement d'un bloc d'acier ou celui d'une masse d'air, l'emploi des définitions de la mécanique rationnelle n'amènera que des erreurs généralement négligeables.

Certes ou peut imaginer des conditions telles que les conclusions ainsi obtenues seront mises en défaut (si par exemple le bloc d'acier est transformé en ressort de montre), car on fait ainsi abstraction de l'élasticité, de la capillarité, de la viscosité, etc. Les phénomènes où les actions élastiques, capillaires, etc., sont prépondérantes, peuvent être considérés comme des cas très particuliers dont il est légitime de ne pas s'inquiéter tout d'abord. Historiquement, l'étude fort délicate de ces phénomènes n'est en effet venue qu'assez tard et ne devait logiquement venir qu'après celle des grands mouvements d'ensemble que l'élasticité ou la capillarité ne modifient qu'à peine.

Si la mécanique rationnelle est solidaire de la physique, elle l'est aussi de la mécanique pratique et de l'astronomie, qui, avec la physique, posent les problèmes à résoudre. Toutes ces sciences s'influencent et réagissent continûment les unes sur les autres. Si la mécanique rationnelle affecte la velléité de demeurer indépendante, la physique vient de temps à autre la redresser, en montrant l'insuffisance de ses définitions ou de ses principes.

Soit par exemple le problème du choc des corps, dont la solution a fort occupé les savants au xviie siècle. Deux cas extrêmes, dont on n'aperçoit pas la synthèse, ont été considérés : l'un est relatif aux corps appelés à cette époque *durs*, c'est-à-dire parfaitement élastiques, l'autre aux corps *mous* ou dénués d'élasticité. Aucun corps solide ne réalise absolument ces conditions, bien que les lois du choc des corps parfaitement élastiques soient très approximativement applicables à l'acier trempé, celles des corps mous, grossièrement applicables au plomb. Par le choc, le plomb s'échauffe beaucoup en s'écrasant, l'acier s'échauffe à peine. La chaleur dégagée, qui est une des conditions du phénomène, *ne figure pas* dans l'établissement des formules mécaniques. La théorie du choc est donc nécessairement incomplète.

De même dans la théorie des machines, pour s'approcher de la réalité expérimentale, les mécaniciens ont dû faire intervenir des forces de frottement, forces qui diffèrent de toutes les autres en ce qu'elles ne peuvent agir que pour gêner un mouvement existant et qu'elles s'éteignent avec lui, tandis que les forces proprement dites, comme la pesanteur, agissent aussi bien dans les états d'équilibre et de mouvement : elles meuvent les corps dès qu'elles cessent d'être équilibrées. Ici encore on doit remarquer que, quand des corps frottent, il y a toujours dégagement de chaleur, et cette chaleur *ne figure pas* dans les équations de la mécanique rationnelle.

Le principe de l'équivalence de la chaleur et du travail mécanique, établi par des expériences de physique, vient tout éclaircir. Il fournit la véritable interprétation des deux cas arbitrairement distingués dans le choc des corps et sa considération supprime les prétendues forces de frottement.

La mécanique rationnelle ne doit donc être considérée que comme un chapitre de la physique, le plus ancien et par conséquent le plus développé, celui qui s'en est détaché le premier en un corps de doctrine désormais plus ou moins indépendant.

Si la mécanique rationnelle s'appuie essentiellement sur la physique, la physique, à son tour, est intimement pénétrée de mécanique rationnelle. A mesure que les lois des phénomènes sont connues, qu'on sait, par conséquent, quelles sont les forces agissantes et comment elles sont appliquées, on en revient toujours à écrire les mêmes équations fondamentales. On emprunte à la mécanique rationnelle ses résultats et ses méthodes. Nous en verrons de nombreux exemples.

Avant d'abandonner la mécanique rationnelle, il convient de bien préciser ici le sens de quelques notions essentielles : masse, force, travail et force vive dont nous ferons par la suite un fréquent usage.

La notion de force a une origine psycho-physiologique. Elle nous rappelle à la fois l'effort musculaire et la volonté qui le détermine.

Notre effort appliqué à un ressort produit une déformation mesurable et d'autant plus grande que nous avons la sensation de forcer davantage. Un poids appliqué au ressort produit le même genre d'effets, et on les reproduirait encore, si le ressort est en fer, en lui présentant un aimant.

On a conclu de là, légitimement à mon sens, à une puissance, en quelque manière analogue à la nôtre, qui agit sur le ressort et qui a son origine dans le poids ou dans l'aimant. Peut-être a-t-on attaché jadis à ce rapprochement un sens anthropomorphique et mystique qui nous répugne ; et c'est pourquoi quelques mathématiciens modernes, Kirchhoff par exemple. ont résolu de proscrire la notion de force, de la bannir de la mécanique, ce qui, à la rigueur, est possible, bien qu'incommode. Je ne m'associerais pas volontiers à cet ostracisme. La force n'est évidemment pas un *être* distinct dont nous puissions établir la genèse en dehors de nous ou en nous. Mais il résulte du moins d'expériences répétées :

1° Que deux forces, d'origine identique ou différente, jugées égales par la déformation qu'elles font subir à un certain ressort, sont aussi égales pour déformer tous les autres ressorts d'espèce quelconque ;

2° Qu'appliquées séparément, dans la même direction, à un même point matériel au repos. elles produisent le même mouvement uniformément accéléré et, plus généralement, qu'elles peuvent être substituées l'une à l'autre, en toute occasion où nous pouvons disposer d'elles, sans que l'on constate la plus légère différence dans le résultat;

3° Qu'appliquées simultanément, dans le même sens ou en sens contraire à un même point matériel, elles ajoutent algébriquement leurs effets, c'est-à-dire produisent une accélération double ou nulle. Dans ce dernier cas, on dit qu'elles s'équilibrent;

4° Qu'en conséquence on peut assigner le rapport de deux forces, lequel conservera la même valeur soit qu'on le détermine par voie statique ou dynamique; choisir une unité de force, etc.

A l'exception de la dernière, qui est une conséquence des précédentes, toutes ces propositions sont indépendantes; *aucune d'elles n'est évidente à priori*. Il n'y aurait pas contradiction à supposer, tant qu'on n'en a pas fait l'expérience, que diverses forces ne seraient point classées dans le même ordre par leur action sur des ressorts d'espèce différente (comme de l'acier et de l'air) ou encore que deux forces statiquement égales cesseraient de l'être au point de vue dynamique, ou enfin que deux forces agissant simultanément dans le même sens n'ajouteraient pas complètement leurs effets. Notre ignorance de la constitution des ressorts et de la genèse des forces n'exclut *à priori* aucune de ces hypothèses.

De l'ensemble des expériences que j'ai supposé jaites ou des propositions par lesquelles je les résume, il résulte qu'une force, quelle que soit d'ailleurs son origine, est une quantité physique bien déterminée en grandeur et en direction. Cela établi, que m'importe si ce que j'appelle une force électrique présente ou non quelque chose d'analogue ou d'identique à une force de gravitation ou à une force musculaire sous des rapports que personne ne peut spécifier? Il me suffit de savoir que, pour tout ce que je vois, les effets constatés sont réellement identiques.

La notion de force s'introduit, en statique, indépendamment de celle de masse. En dynamique, les deux notions sont, au contraire, intimement mêlées.

Prise en elle-même, la notion de masse ne me paraît ni plus claire, ni plus obscure que la notion de force. L'égalité d'une masse de plomb, d'une masse de quartz et d'une masse d'air est-elle moins abstraite que l'égalité d'une force électrique, d'un poids et d'une force animale? Si l'animal a une volonté que la pierre n'a pas, je puis, de l'air ou du quartz, extraire de l'oxygène dont on ne trouve pas trace dans le plomb. L'air possède, à la température ordinaire, une force expansive que ne manifestent ni le plomb, ni le quartz.

Ce qu'on peut dire de mieux pour justifier la préférence de la notion de masse à celle de force quand on veut faire choix de grandeurs fondamentales, c'est qu'on peut conserver un étalon de masse, non un étalon de force. C'est donc purement affaire de commodité, de convenance.

On est aujourd'hui convenu d'admettre qu'on définit la masse par la balance. Qu'est-ce à dire? On me prie de fermer volontairement les yeux sur un mécanisme connu, la pression exercée sur les plateaux de la balance, la tension élastique des supports des plateaux, les conditions d'équilibre du fléau. On veut que je porte uniquement mon attention sur les masses que j'échange sans modifier l'équilibre. Encore faut-il supposer que, tandis que je procéderai à l'échange, la pesanteur ne varie pas. On voit combien la définition, ainsi donnée, est artificielle.

La définition de la masse par le choc de corps parfaitement élastiques serait plus satisfaisante pour l'esprit, bien qu'elle corresponde à des expériences plus difficiles, moins précises et qu'il serait impossible de généraliser, puisqu'il faudrait alors donner une définition différente pour la masse des corps inélastiques.

En nous bornant au premier cas, on n'aurait, pour comparer des masses, qu'à mesurer des vitesses avant et après le choc. Le rapport des masses est tel que la somme des produits mv^2 est la même avant et après. Par exemple, quand le choc est central et que les masses sont égales, si la masse choquée est primitivement en repos, la bille choquée part avec la vitesse v, l'autre bille s'arrête net, etc.

On a donné au produit mv^2 le nom de force vive. La conservation de la force vive dans le choc des corps parfaitement élastiques n'est qu'un cas particulier d'une propriété beaucoup plus générale, dont la découverte est sans doute le fait capital de l'histoire des sciences au XIXe siècle. Je veux parler du principe de la conservation de l'énergie.

Cette nouvelle grandeur physique, l'énergie, n'est pas susceptible d'une définition aussi simple que la force ou la masse, car elle implique des expériences bien plus nombreuses. Admettons qu'on ait acquis la notion de force vive mv^2. On pourra définir sous le nom d'énergie potentielle toute cause capable de produire de la force vive. On constatera qu'un corps pesant, abandonné à lui-même et se déplaçant de haut en bas, acquiert de la force vive et que cette force vive est proportionnelle au chemin parcouru verticalement. Si on lance le corps de bas en haut avec une vitesse déterminée, il perd complètement sa force vive en remontant à la hauteur même dont il aurait dû tomber pour l'acquérir. De même un pendule sans frottement oscille d'une manière indéfinie entre deux niveaux fixes, remontant toujours d'un arc égal à l'arc de descente. On en conclut qu'il possède à chaque instant une énergie potentielle et que cette énergie dépend du niveau où il se trouve. La transformation en vertu de laquelle un corps acquiert de la force vive par sa chute est réversible.

La notion de travail, son équivalence à la force vive, la réversibilité de leur transformation que nous offre précisément l'exemple du pendule, sont des vérités expérimentales dès longtemps connues. Mais les expériences modernes établissent une relation d'équivalence entre la chaleur et le travail et montrent ainsi une propriété conservative qui avait échappé aux anciens expérimentateurs. Dès lors, la notion d'énergie a pu réellement s'introduire et se généraliser. Ainsi de la poudre, qui brûle dans l'âme d'une pièce de canon, communique une force vive au boulet en même temps que cette poudre subit une transformation irréversible. Nous en concluons que la poudre, dans son état initial, renfermait plus d'énergie potentielle qu'on n'en retrouve, à l'état final, dans les produits de la combustion, et ainsi de suite.

Nous reviendrons ailleurs sur ce sujet capital : la conservation de l'énergie. Au point de vue où nous nous plaçons ici, nous voulons seulement retenir que, dans l'exposé systématique de la mécanique rationnelle, les notions de force, de masse, de travail et d'énergie sont interchangeables.

Il est bien clair que si l'on veut se priver d'une définition expérimentale de la force, on pourra définir expérimentalement la masse m et l'accélération γ; l'expérience montrera ensuite que le produit $m\gamma$ jouit des propriétés conservatives que nous avions reconnues à la force. Il nous sera loisible, pour simplifier l'écriture, de représenter le produit $m\gamma$ par une seule lettre f. La force ne sera plus considérée comme une grandeur fondamentale, mais comme un grandeur dérivée de la masse et de l'accélération. C'est ce que veut Kirchhoff.

De même, quand on définit expérimentalement la force, on reconnaîtra expérimentalement les propriétés conservatives du quotient f/γ qu'on désignera désormais par la lettre m. La masse cessera d'être une grandeur indépendante. Elle sera considérée comme dérivée de la force et de l'accélération.

On pourrait commencer par définir la force vive $\mathcal{F} = mv^2$ dont on aurait établi par l'expérience les qualités conservatives. La masse se définirait par le quotient $\mathcal{F}/v^2$, dont de nouvelles expériences démontreraient la valeur conservative. La masse deviendrait une grandeur dérivée de la force vive et de la vitesse.

L'énergie peut être indifféremment considérée comme le produit de deux facteurs qui seront la masse et la moitié du carré de la vitesse ou la force f et le chemin e parcouru dans la direction de la force. On définira la force par le quotient $\mathcal{F}/2\,e$. La force dériverait de la force vive et d'une certaine longueur e, l'espace dans lequel la force vive se perd pour se transformer en énergie potentielle.

Tout cela n'est que pur jeu de formules et ne supprime aucune des expériences impliquées par les définitions. On ne fait que changer l'ordre dans lequel on suppose que ces expériences ont été effectuées.

CHAPITRE VII

Les ondes

Continuité de la mécanique et de la physique.
Ondes à la surface de l'eau. — Vibrations longitudinales et transversales. — Vitesse de propagation. — Longueur d'onde. —
Diffraction des ondes. — Interférence des ondes. — Principe
d'Huyghens.
Ondes élastiques ou acoustiques. — Rôle de l'Ouïe dans l'étude des
vibrations. — Diffraction et interférence des ondes acoustiques.

De la mécanique à la physique, la transition se
fait d'une manière continue. Une école nombreuse,
qui se rattache à la plus ancienne philosophie, veut
ramener tous les phénomènes physiques au mouvement. L'école opposée voit dans la physique une
mécanique généralisée, complétée par de nouveaux
principes expérimentaux dont elle n'affirme pas
à priori que l'objet soit toujours réductible au mouvement. De ces deux tendances, la première est la
plus séduisante ; la seconde est plus prudente et plus
sûre. Elle n'exclut aucune tentative d'explication
mécanique, mais elle distingue essentiellement entre
les faits expérimentaux, les lois certaines qui les
régissent, et les interprétations théoriques, toujours
arbitraires à quelque degré.

L'étude générale des ondes, à laquelle nous nous

livrerons d'abord, part du domaine de la mécanique pure, confine à la physiologie et nous amènera progressivement aux conceptions les plus hautes relatives à la matière et à l'éther. Il n'en est pas de plus propre à nous faire pénétrer le sens intime des méthodes de la physique et la marche générale des progrès de cette belle science.

Un observateur naïf s'amuse à faire des ronds sur l'eau. Qu'aperçoit-il ? Du centre ébranlé par la chute d'une pierre semblent sortir une série d'anneaux saillants qui se meuvent en s'élargissant et s'amincissant comme un de ces anneaux de fumée que produit l'inflammation d'une bulle de phosphure d'hydrogène. Ces anneaux ou crêtes mouvantes, sortes de vagues minuscules, paraissent avoir un corps ; elles semblent rouler de l'eau, vomie à intervalles égaux par le centre d'ébranlement. Chaque onde correspond à une de ces pulsations élémentaires. Si on suppose les ondes matérielles, on comprend très bien qu'elles doivent diminuer de hauteur à mesure qu'elles s'élargissent. La réflexion qu'elles éprouvent en atteignant les bords ajoute encore à l'illusion.

Un observateur plus subtil ne s'arrêtera pas à l'apparence. Il verra que les corps flottants à la surface de l'eau, feuilles ou brindilles, se soulèvent à chaque onde qui passe pour plonger dans le creux qui la suit et se relever de nouveau, périodiquement, sans suivre le mouvement centrifuge des ondes. Or, les corps flottants sont entraînés par un courant

18.

d'eau. Puisque ceux-ci ne le sont pas, c'est qu'il n'y a pas de courant. Tous les nageurs savent que la vague les soulève et ne les entraîne pas, à moins qu'elle ne déferle.

Ainsi le mouvement horizontal et centrifuge des ondes produites par le choc d'une pierre sur l'eau n'est qu'une illusion du sens de la vue. Ce qu'on a pris pour le mouvement d'une petite montagne d'eau n'est que l'effet d'une succession rythmée de mouvements verticaux. L'œil s'attache à une crête et la suit instinctivement, au lieu de se fixer sur un repère invariable qui, en l'absence de corps flottant, fait généralement défaut.

Dans un champ de blé, les épis s'inclinent sous l'action du vent et, se balançant sur place, puisqu'ils sont fixés par leur racine, donnent l'illusion d'une mer qui roule et va déferler à l'horizon.

Les ondes à la surface de l'eau nous offrent l'exemple d'un mouvement oscillatoire vertical qui se propage horizontalement. Les ondes sont dites *transversales*. Dans le cas des épis de blé, le mouvement de va-et-vient de la tête de chaque épi est horizontal et se propage horizontalement dans sa direction. Les ondes sont dites *longitudinales*.

Les vibrations transversales de l'eau s'exécutent sous l'action combinée de la pesanteur et de la capillarité. Ne nous inquiétons que de la pesanteur. Là où la pierre frappe, le niveau de l'eau s'abaisse, pour se relever dès que la pierre a pénétré. L'oscillation

verticale produite au point frappé s'accompagne forcément de petits mouvements latéraux, car en vertu
des lois de l'hydrodynamique, quand il y a dépression
au centre d'ébranlement, l'eau doit affluer de toutes
parts vers ce centre, et inversement. Il en résulte
des dénivellations latérales périodiques. La répétition
du même raisonnement montre que les dénivellations se reproduiront de proche en proche et tout
autour, en des points de plus en plus éloignés du
centre. C'est donc, en définitive, en vertu du principe de Pascal que le mouvement vibratoire vertical
se propage dans la direction horizontale.

Dans le mouvement oscillatoire de l'eau, nous
constatons que les rides sont parfaitement circulaires, ce qui résulte de l'homogénéité du liquide.
Nous voyons aussi que la distance de deux crêtes
ou de deux creux consécutifs est partout la même.
Cette distance caractéristique est connue sous le
nom de *longueur d'onde*. La constance de la longueur d'onde dans toutes les régions de la nappe
liquide vibrante nous prouve, à la fois, que les
oscillations sont isochrones et que la vitesse de propagation se maintient uniforme malgré le décroisse-
ment visible de l'amplitude de vibration.

La longueur d'onde a une signification physique
simple : c'est l'espace parcouru, en vertu de la
vitesse de propagation, pendant qu'une oscillation
complète, aller et retour, s'exécute. Deux points
situés à une distance égale à la longueur d'onde,

comptée dans la direction de la propagation, sont, au même instant, dans le même état vibratoire : la vibration y est dans la même phase. Aux points intermédiaires, la vibration est dans une phase différente. Si, par exemple, on compare l'état vibratoire au milieu d'un creux et d'une crête, le désaccord est complet, bien que le rythme demeure identique. Il y a une différence de phase correspondant à la moitié de la période.

Tout mouvement vibratoire est caractérisé par deux propriétés essentielles que les ondes liquides vont nous permettre de manifester. Plaçons un obstacle dans la direction de la propagation : soit, par exemple, un mur vertical percé d'un orifice étroit par lequel deux bassins adjacents communiquent. Quand un mouvement d'onde se produit dans l'un des bassins, et atteint le mur, l'orifice devient un centre d'ébranlement, c'est-à-dire qu'il est le point de départ d'ondes circulaires qui se propagent dans le second bassin. Le mouvement vibratoire atteint ainsi des régions situées en dehors de la droite qui joint le centre d'ébranlement primitif à l'orifice. Ainsi les ondes contournent les obstacles.

Cette propriété remarquable connue sous le nom de *diffraction* des ondes, n'a rien de mystérieux. La dénivellation périodique dont le trou devient le siège produit, dans le second bassin, des afflux ou des déversements latéraux, en vertu du principe de Pascal, comme cela avait lieu pour la dénivellation originelle. Les ondes diffractées dans le bassin ne diffèrent des ondes incidentes que par leur moindre amplitude. Elles ont même vitesse de propagation et même longueur d'onde.

La seconde propriété sur laquelle nous voulons insister sera mise en évidence, si le mur de séparation des bassins présente deux orifices au lieu d'un. Les ondes circulaires diffractées dont chacun des deux trous est l'origine et le centre ne tardent pas à se rencontrer. Le trou A seul amènerait, à un instant donné, en un point P, une onde intumescente par exemple. Le trou B seul y amènerait, au même instant, une onde de phase en général différente, et qui, suivant la position du point P sur l'onde circulaire ayant son centre en A sera une intumescence ou une dépression. Quand les trous A et B agissent simultanément, l'effet résultant pourra être une intumescence exagérée ou amoindrie et, comme cas particulier, l'absence de tout mouvement. On dit que les deux mouvements d'ondes émanés de A et de B *interfèrent*, ce qui signifie seulement qu'ils s'ajoutent au sens algébrique.

Il est aisé de voir que si, en un certain point P, les mouvements émanés de A et de B sont concordants à un moment donné, ils seront éternellement concordants ; car, puisque la vitesse de propagation et le rythme demeurent les mêmes, quand le trou A enverra une dépression au lieu d'une intumescence, c'est-à-dire au bout d'une demi-période, le trou B enverra aussi une dépression et ainsi de suite.

Les points favorisés auront donc un mouvement vibratoire maximum ; les points sacrifiés demeureront en repos. Par exemple, tous les points de la perpendiculaire au milieu de A B ont un mouvement maximum. Plus généralement, les points également favorisés ou sacrifiés sont sur des hyperboles ayant les points A et B pour foyers. L'ensemble de toutes ces rides hyperboliques saillantes ou creuses forme ce que l'on appelle un système d'ondes stationnaires ou de franges d'interférence.

Considérons deux bassins circulaires A et B concentriques et produisons des ondes au centre. Nous pouvons percer le mur de séparation d'autant de trous que nous voudrons, ce qui donnera lieu dans B à un phénomène d'interférences de plus en plus compliqué. Si les trous sont équidistants et en nombre de plus en plus grand, de façon à réduire le mur presque à néant, la résultante de tous ces mouvements d'onde se rapprochera de plus en plus de ce que serait le mouvement d'onde si le mur n'existait pas. En d'autres termes, on peut considérer l'onde circulaire qui arrive dans une certaine région du second bassin après la suppression du mur, comme la résultante d'une infinité d'ondes circulaires élémentaires concordantes ayant pour centre chacun des points où se trouvait ce mur, c'est-à-dire chacun des points d'une onde primitive. C'est là un principe formulé pour la première fois par Huyghens au milieu du xviie siècle.

La double propriété de se diffracter et d'interférer caractérise les mouvements vibratoires. Nous la retrouverons dans tous les cas où nous pouvons constater directement la production de vibrations ; réciproquement, là où nous rencontrerons ces deux propriétés avec tous les caractères que nous leur avons assignés, nous devrons conclure à la propagation d'un mouvement vibratoire, alors même que nos sens ne nous révèlent pas l'existence de vibrations.

Vibrations acoustiques. — Quand un corps élastique est comprimé, fléchi, tordu, déformé d'une manière quelconque, puis abandonné à lui-même, il revient d'abord à son volume et à sa forme primitive, mais ne s'y fixe pas. L'élasticité du milieu, qui a ramené les parties dans leur situation d'équilibre, leur a, en même temps, communiqué des vitesses capables de produire la déformation exactement inverse ; et ainsi le corps, alternativement comprimé et dilaté, fléchi ou tordu vers la droite, puis vers la gauche, exécute une série d'oscillations que notre œil suit aisément si elles sont suffisamment lentes, qu'on manifeste, si elles sont plus rapides, par des procédés graphiques appropriés. Ces oscillations dureraient indéfiniment, si elles n'étaient peu à peu amorties par des causes accessoires, par exemple, des frottements

Quand les vibrations des corps élastiques sont suffisamment rapides, elles provoquent en nous une sensation spéciale : celle d'un son. On peut donc poursuivre parallèlement l'étude mécanique des vibrations des corps élastiques et l'étude physiologique des sons rendus par ces corps, et l'on constate ainsi que l'intensité plus ou moins grande du bruit perçu correspond à une amplitude plus ou moins grande de la vibration, tandis que l'acuité plus ou moins prononcée dépend de la période, le son étant jugé d'autant plus aigu que le nombre de vibrations exécutées dans l'unité de temps est plus grand.

Les éléments physiologiques du son et les éléments mécaniques de la vibration sont en relation étroite. Notre oreille nous permet de classer des sons de même acuité par ordre d'intensité croissante, mais non d'évaluer l'intensité. On devra donc mesurer celle-ci objectivement, par l'énergie moyenne de la vibration, proportionnelle au carré de son amplitude.

Notre oreille perçoit, en dehors de l'unisson, des relations très nettes, accusant une sorte de parenté entre des sons d'acuité différente qui sont dits être l'un par rapport à l'autre, à l'octave, à la quinte, etc. Si l'on compare un son d'acuité invariable à un autre son d'acuité progressivement croissante, l'oreille est sensible à de légers changements par rapport à l'octave, à la quinte rigoureusement exactes..Il y a donc ici les éléments d'une sorte de mesure physiologique. L'étude objective des vibrations montre que les fréquences de deux sons à l'octave sont dans un rapport égal à deux, quelle que soit d'ailleurs la fréquence de la vibration la moins aiguë.

C'est donc un *rapport* que notre sensation nous permet de mesurer indirectement, avec une approximation que l'expérience fixe à environ 1/80°.

Nous voyons par là quel pourra être l'usage de l'oreille pour l'étude des vibrations élastiques. Elle nous permettra d'apprécier : 1° l'égalité d'intensité à fréquence égale et 2° le rapport des fréquences. Elle sera donc un adjuvant fort utile, mais nullement indispensable, dans l'étude des vibrations élastiques. Des procédés d'origine purement mécanique permettraient à un sourd d'effectuer les mêmes mesures bien que, parfois, avec moins de commodité.

Tout ce que nous avons dit de général au sujet des vibrations peut être aisément démontré dans le cas des vibrations élastiques. On distingue des vibrations élastiques longitudinales et transversales.

Les gaz n'ayant pas de forme déterminée, les seules vibrations qu'ils puissent transmettre résultent exclusivement de compressions et de dilatations et sont donc purement logitudinales.

Les corps solides, à la fois compressibles et déformables, peuvent transmettre des vibrations longitudinales et des vibrations transversales.

La diffraction des ondes sonores est un fait d'observation vulgaire. Deux personnes séparées par un mur limité, mais qui les empêche de se voir, peuvent causer, à la condition d'élever un peu la voix. Le son contourne donc les obstacles, comme le font les ondes liquides.

Toepler et après lui M. Wood sont d'ailleurs parvenus à photographier des ondes aériennes, à la faveur des réfractions lumineuses qu'elles produisent : ces réfractions, en vertu desquelles on voit l'air chaud s'élever au voisinage d'un radiateur de calorifère, dans une chambre éclairée par le soleil, en produisant des ombres mouvantes. Les ondes sonores utilisées sont celles qui accompagnent l'explosion d'une petite étincelle électrique. On en prend des photographies instantanées et on saisit ainsi, comme au vol, leur propagation, leur diffraction par une étroite ouverture, leur réflexion ou leur réfraction. Ces photographies sont identiques à celles que l'on se procurerait, dans les cas correspondants, avec des ondes liquides.

L'oreille permet de constater l'interférence d'ondes aériennes. Un diapason résonne en face d'un mur ; le mur réfléchit les ondes qu'il reçoit : il y a interférence entre les ondes directes et réfléchies, et l'on constate qu'en déplaçant l'oreille entre le diapason et le mur on trouve alternativement des places ou le bruit perçu est maximum ou minimum.

Les ondes sonores ou élastiques se présentent donc à nous dans des conditions de simplicité relative. Leur étude est beaucoup plus ancienne[1] et partant beaucoup plus avancée que celle des vibrations lumineuses et électriques, dont il nous reste à parler.

1. Les anciens comparaient déjà la propagation du son à celle des ondes à la surface d'un liquide.

CHAPITRE VIII

L'Optique. — L'Éther.

On sait, depuis Roemer, que la lumière se propage
dans le vide avec une vitesse finie et uniforme.

Deux théories ont été proposées pour expliquer la
propagation de la lumière. L'une, celle de l'émission,
consiste à admettre que la communication entre les
objets lumineux et nos yeux est établie par des particules lancées d'une manière continue dans toutes
les directions de l'espace par le corps lumineux et
douées de la propriété d'exciter le sens de la vue.
Elle assimile la perception de la lumière à celle des
odeurs. L'autre consiste à assimiler la propagation de
la lumière à celle du son. On imagine un milieu
interstellaire susceptible d'être mis en vibration par
les corps lumineux et de transmettre, de proche en
proche, ce mouvement vibratoire jusqu'à notre œil.
C'est la théorie des ondulations.

Dans les deux cas, on fournit une explication mécanique de la propagation lumineuse, mais en faisant appel à un agent différent de la matière. Ce *fluide éthéré* est supposé, dans le premier cas, transporté du corps lumineux à l'œil par un mouvement de translation. Dans le second cas, le milieu est successivement animé, depuis le corps lumineux jusqu'à l'œil, d'un mouvement vibratoire, non accompagné de translation.

A priori, les deux hypothèses sont également légitimes. Elles ont leurs racines dans les plus anciens écrits des philosophes grecs, et elles ont subi depuis des fortunes diverses, suivant que les découvertes nouvelles ont momentanément incliné l'esprit des physiciens.

La première loi de l'optique, connue des anciens, est celle de la propagation rectiligne, manifestée par la production des ombres. Les trajectoires rectilignes de propagation sont nommées rayons. Une illusion, sur laquelle nous aurons à revenir, nous montre les astres et les lumières un peu vives dardant de tels rayons, dont l'objectivité apparaissait ainsi clairement. C'était, ce semble, une preuve évidente de la réalité de l'émission.

Une seconde loi de l'optique, connue aussi des anciens, est celle de la réflexion de la lumière par les corps polis. La loi de la réflexion s'interprète dans la théorie de l'émission en admettant que chaque particule lumineuse rebondit, en frappant la surface réfléchissante, à la manière d'une bille élastique. Les particules rangées le long d'un rayon incident viendront ainsi se ranger, chacune à leur tour, sur une même droite, le rayon réfléchi, située dans le plan normal et formant avec la normale un angle de réflexion égal à l'angle d'incidence.

Il est vrai que la même loi de réflexion est prévue par la théorie des ondes. Mais son interprétation est moins intuitive. Le principe d'Huyghens, sur lequel elle se fonde, n'est pas d'ailleurs sans soulever quelques difficultés. Quant à la propagation rigoureusement rectiligne, elle est décidément en opposition avec la théorie des ondes ; les ondes, nous l'avons vu, contournent les obstacles. Les anciens ne prêtèrent aucune attention à des faits, en apparence tout à fait secondaires, dont l'observation précise exige un outillage assez compliqué. Ces faits, incompatibles avec une propagation exclusivement rectiligne, ont été, dans les temps modernes, la pierre d'achoppement de la théorie de l'émission, impuissante à les expliquer.

De fait, l'optique des anciens se réduisait à la théorie des ombres et à la catoptrique. On sait qu'Archimède avait construit des miroirs ardents.

La loi de la réfraction échappa, non seulement aux anciens, mais même aux savants de la renaissance. Il est curieux d'observer que la découverte des verres d'optique précéda, d'assez longtemps, l'énoncé de cette loi. Galilée employa la lunette qui porte son nom, sans en connaître la théorie. Peu après, Kepler établit la théorie approximative d'une lunette réduite à un objectif convergent, l'œil servant de loupe pour examiner l'image réelle. Il admit que jusqu'à l'incidence de trente degrés, le rapport de l'angle d'incidence à l'angle de réfraction est constant. Snellius, puis Descartes découvrirent la loi véritable de la réfraction. Désormais l'optique géométrique (dioptrique et catoptrique) est en possession de ses vrais fondements expérimentaux.

Les théories demeuraient encore dans le vague. Un savant et un philosophe tel que Descartes a pu admettre que la propagation de la lumière est instantanée ! Partisan d'un milieu interstellaire qui remplit l'univers, il pense que ce milieu ne peut être perturbé qu'en bloc. Il donne, de sa façon de concevoir les choses, cette image singulière : un bâton, que l'on pousse par un bout, avance en même temps par l'autre bout. Tout le monde sait aujourd'hui que cette comparaison manque de base. Quand on pousse le bâton, le mouvement n'est transmis d'une extrémité à l'autre qu'à la faveur d'une série de compressions propagées de proche en proche, et le temps qui s'écoule avant que le second bout du bâton commence à se déplacer est précisément le temps que mettrait un son à se propager, dans la matière du bâton, d'une longueur égale à celle du bâton.

Il faut arriver à Huyghens pour trouver des idées saines sur le mode de propagation d'ondes, leur réflexion et leur réfraction. Huyghens interprète la réfraction par un simple changement de la vitesse de propagation. Il énonce le principe des ondes enveloppes, s'élève immédiatement à la notion d'ondes non sphériques, à l'aide desquelles il interprète le fait si curieux de la double réfraction du spath d'Islande, découverte par Erasme Bartholin, et il en établit les lois. Il ne semble pas que les contemporains aient prisé ces travaux en raison de leur portée, qui est immense. Il étaient prématurés.

Au reste, la théorie de l'émission, et celle des ondulations n'ont pas pris dès l'abord la forme parfaitement nette que nous leur attribuons aujourd'hui. Newton, partisan de l'émission, admet cependant l'existence d'un éther qui pénètre les corps transparents et se trouve répandu dans le vide interplanétaire. Ses idées à ce sujet se modifient progressivement, mais il se refuse à admettre le rôle *exclusif* de l'éther, la théorie des ondes, d'Huyghens, lui paraissant, à juste titre, incompatible avec la propagation rectiligne de la lumière.

Newton connait cependant les phénomènes de diffraction découverts, dès 1663, par Grimaldi. Son expérience des anneaux colorés le met en présence d'un phénomène d'interférences, dont il établit les lois avec précision. Mais persuadé de la réalité de l'émission lumineuse, il combine les mouvements des particules de lumière et ceux de l'éther libre ou emprisonné dans les corps transparents de telle sorte qu'il en résulte des accès périodiques de facile transmission et de facile réflexion. Cette erreur d'un grand génie est acceptée par le monde savant, à la faveur de tant de magnifiques découvertes en mathématiques, en astronomie et en optique. L'autorité de Newton impose pour plus d'un siècle la théorie de l'émission, exclusivement développée par ses disciples. La théorie des ondulations et les travaux d'Huyghens tombent dans l'oubli.

Le XVIII⁰ siècle n'amène, en optique, aucun progrès décisif. Mais le commencement du XIX⁰ est marqué par une véritable renaissance. Malus découvre la polarisation de la lumière, Arago la polarisation rotatoire et les physiciens s'efforcent de faire rentrer ces richesses nouvelles dans le cadre trop étroit de la théorie de l'émission.

La théorie des ondulations conserve cependant quelques rares partisans. L'attention s'attache aux phénomènes de diffraction. L'épanouissement du faisceau lumineux qui traverse un trou d'épingle rappelle l'épanouissement des ondes liquides à partir d'un orifice étroit dans la paroi d'un bassin. Young, regardant une lumière à travers deux trous d'épingle percés dans une feuille de carton, observe des bandes très fines alternativement brillantes et obscures ; il les attribue à l'interférence d'ondes lumineuses émanées des deux trous. Cependant, le préjugé en faveur de la théorie de l'émission est encore si tenace que l'Académie des Sciences de Paris met au concours l'interprétation des phénomènes de diffraction dans la théorie de l'émission.

Un jeune ingénieur, Fresnel, au fond de la Bretagne, sans laboratoire et sans instruments autres que ceux qu'un armurier peut lui fabriquer, occupe ses loisirs à la solution de cette question délicate. Il exécute des mesures précises et montre que la théorie des ondes fournit une explication adéquate des phénomènes de diffraction. Il réduit du même coup à néant tous les essais d'interprétation proposés jusque-là en relation avec la théorie de l'émission.

Le mémoire de Fresnel fut couronné par l'Académie. Poisson, l'un des commissaires, déduisit des équations de Fresnel cette conséquence paradoxale que le centre de l'ombre géométrique d'un petit écran doit toujours être éclairé, et l'expérience, faite séance tenante, réussit. Elle entraîna l'adhésion de la majorité des commissaires. Cependant, on enregistre encore, pendant une trentaine d'années, des essais de plus en plus rares pour ramener la faveur à la théorie de l'émission.

Ce n'est pas ici le lieu d'insister sur les magnifiques développements que Fresnel a donnés à la théorie des ondes. L'étude des phénomènes de diffraction et d'interférence suffit, non seulement à établir que la lumière est un phénomène vibratoire, mais encore à déterminer la fréquence des vibrations. La méthode suivie par Fresnel revient à faire interférer deux faisceaux réfléchis ou réfractés provenant d'une même source ponctuelle. Les deux images A et B d'un même point P, fournies, par exemple, par les deux moitiés d'une lentille, sont deux sources lumineuses concordantes et, dans la région où les ondes émanées de A et de B se superposent, il y a alternativement concordance et discordance des ondes, c'est-à-dire l'alternance d'obscurité et de lumière déjà observée par Young dans l'expérience des deux trous. L'espacement de ces *franges lumineuses* permet de mesurer les longueurs d'onde. Du violet au rouge, elles varient à peu près de 4 jusqu'à 8 dix millièmes de millimètre. Ces longueurs d'ondes sont extrêmement petites par rapport à celles des ondes sonores, et c'est précisément à leur petitesse qu'il faut attribuer la faible importance relative des phénomènes de diffraction lumineuse, c'est-à-dire l'apparence d'une propagation exclusivement rectiligne, chaque fois que la dimension des trous ou des écrans, qui livrent passage à la lumière ou qui l'interceptent, n'est pas en rapport avec la petitesse de la longueur d'onde.

Ce n'est pas que les phénomènes de diffraction lumineuse soient particulièrement rares. Fermez presque complètement les yeux : vous abaissez devant la pupille de petits écrans constitués par les cils, et aussitôt la lumière d'une bougie, que vous fixez, semblera émettre des faisceaux de rayons brillants que vous ferez tourner en inclinant la tête à droite et à gauche : cela montre bien que la cause déterminante est dans votre œil et non dans la bougie. Si c'est le soleil que vous essayez de regarder, son éclat vous contraindra à abaisser les cils et vous verrez des rayons aveuglants. Mais si un nuage d'épaisseur convenable s'interpose ou si vous employez un verre fumé, le soleil perd ses rayons, car alors vous maintenez sans peine les paupières ouvertes.

La lumière réfléchie sur la nacre, sur les étoffes dites chatoyantes et plus généralement sur une surface régulièrement striée, montre aussi des phénomènes de propagation non rectiligne. Les couronnes que l'on voit autour du soleil ou de la lune par des temps légèrement voilés ou encore autour des becs de gaz par un temps de brouillard, rentrent dans la même catégorie. Ce sont ici les minuscules cristaux de glace formant des cirrus légers ou les gouttelettes d'eau d'un brouillard qui constituent les écrans délicats propres à manifester les déviations de la lumière par rapport à la propagation rectiligne.

Mais il est temps de revenir à la fréquence des vibrations lumineuses. Celle-ci est liée à la longueur d'onde et à la vitesse de propagation, puisque la longueur d'onde est l'espace parcouru pendant qu'une vibration s'exécute. Or, si les longueurs d'onde lumineuses sont très petites, la vitesse de propagation de la lumière est, au contraire, extrêmement grande. Elle atteint 300.000 kilomètres par seconde. Pour ces deux motifs, la fréquence des vibrations lumineuses est énorme. Si nous pouvions suivre une particule d'éther qui vibre, nous enregistrerions des trillions de vibrations par seconde. Notre organisation nous permettant, au plus, de distinguer dix impressions par seconde, il faudrait des millions de jours, c'est-à-dire presque des centaines de vies, pour séparer, par la sensation, une succession de faits aussi prodigieuse que celle qui se trouve ici resserrée en une seconde.

En acoustique, nous pouvions mesurer directement aussi bien la fréquence que la vitesse de propagation et que la longueur d'onde; nous avions ainsi un moyen de contrôle qui fait défaut en optique. Nous pouvions aussi reconnaître directement si les vibrations propagées sont longitudinales ou transversales. En optique, nous n'avons sur le même sujet que des renseignements indirects. Les phénomènes de polarisation nous montrent qu'une direction de propagation, un rayon, admet deux plans de symétrie rectangulaires. Leur existence n'est compatible qu'avec des vibrations purement transversales. On a le choix de situer la vibration lumineuse dans l'un quelconque de ces deux plans. Des raisons de simplicité, de commodité ont seules décidé du choix.

Si l'on a quelque répugnance à admettre qu'un milieu puisse vibrer des trillions de fois en une seconde, il est encore bien plus délicat de concevoir ce milieu tel qu'il ne puisse vibrer que transversalement. Parmi les milieux matériels, les gaz et les liquides ne transmettent que des vibrations longitudinales ; les solides propagent à la fois des vibrations longitudinales et transversales. L'éther lumineux forme, à lui seul, une catégorie spéciale.

Malgré ces difficultés, on peut dire que la théorie des ondulations lumineuses est parfaitement cohérente. Elle n'implique pas de contradiction. Mais, à vrai dire, nous ne nous sommes encore inquiétés que de la propagation de la lumière dans le vide. Le cas des milieux transparents soulève de nouveaux et redoutables problèmes dont la solution, considérée dans son ensemble, peut à peine passer pour ébauchée.

Dans la théorie de l'émission, on attribue la réfraction produite, au passage du vide dans un milieu matériel transparent, à une attraction exercée par la matière sur les particules lumineuses. Attirées en avant, elles accélèrent leur mouvement, à travers la couche superficielle, jusqu'à ce qu'elles aient pénétré à une profondeur telle que l'attraction exercée en arrière équilibre l'attraction en avant. Désormais, la vitesse ne varie plus. Au reste, quand la lumière sortira du milieu pour repasser dans le vide, les particules attirées en arrière perdront l'excès de vitesse qu'elles avaient acquis en entrant, et reviendront ainsi à leur vitesse en même temps qu'à leur direction initiales. Le calcul montre que la variation de vitesse est indépendante de l'incidence. Ainsi, dans chaque milieu réfringent, la vitesse de la lumière a une valeur caractéristique *plus grande que dans le vide.*

La théorie des ondulations conduit à la conclusion exactement contraire : la vitesse de la lumière dans les milieux transparents est *plus petite que dans le vide.* L'indice de réfraction est le rapport de la vitesse dans le vide à la vitesse dans le milieu, et non le rapport de la vitesse dans le milieu à la vitesse dans le vide.

Il y avait lieu de faire une expérience cruciale, dont le résultat devait trancher, d'une façon définitive, entre les deux théories. Mais les méthodes directes pour la mesure de la vitesse de la lumière étaient jusque-là des méthodes astronomiques, dans lesquelles les espaces parcourus sont au moins de l'ordre de grandeur du diamètre de l'orbite terrestre. Il fallait imaginer quelque méthode où le trajet se trouvât assez réduit pour qu'on pût aisément y substituer l'eau à l'air, par exemple. C'est à quoi Foucault s'ingénia, en 1854. Le succès était lié à la création d'un procédé mécanique très délicat de division du temps. Foucault fit réfléchir la lumière sur un miroir tournant, exécutant huit cents tours par seconde, et fixa la durée du trajet à travers une colonne d'air ou d'eau de quelques mètres d'épaisseur seulement, par l'angle très petit, dont le miroir tournait pendant cet intervalle. Ainsi, à un angle d'une minute correspond $\frac{1}{800} \times \frac{1}{360} \times \frac{1}{60}$ ou $\frac{1}{17\,280\,000}$ de seconde et un espace d'un peu plus de 17 mètres parcouru par la

lumière dans l'air. L'expérience donna exactement
les résultats prévus. L'eau, dont l'indice de réfraction est sensiblement 4/3, transmet la lumière avec
une vitesse qui n'est que les 3/4 de la vitesse dans
le vide.

Après l'expérience de Foucault, la théorie de
l'émission est bannie du domaine de l'optique ; mais
c'est pour reparaître cinquante ans plus tard en
électricité. Les rayons cathodiques, les rayons émis
par les substances radioactives consistent en particules électrisées qui, si elles ne peuvent atteindre
une vitesse de translation égale à celle de la
lumière, peuvent au moins en approcher beaucoup.
M. Kaufmann a mesuré des vitesses de l'ordre de
72 à 96 % de la vitesse de propagation des ondes
lumineuses.

Revenons aux relations de l'éther et de la matière.
Nous venons de voir qu'en passant de l'air dans
l'eau, la vitesse de la lumière ne se réduit que
d'un quart ; et comme on ne connaît guère
d'indices supérieurs à 3, la vitesse la plus faible de
la lumière, dans un milieu transparent, est au moins
de l'ordre du tiers de sa valeur dans le vide. Par
suite, le rôle de la matière dans la propagation lumineuse paraît secondaire. Il faut admettre que l'éther
lumineux pénètre les corps transparents et y conserve
en partie ses propriétés. La matière modifie plus ou
moins, mais toujours dans des limites assez restreintes, les conditions de son mouvement.

La pénétration des milieux matériels par l'éther lumineux est parfaitement intelligible si l'on admet, conformément à la théorie atomique, que la matière est discontinue. L'éther se loge entre les atomes et forme probablement autour d'eux des atmosphères condensées. Cette structure discontinue, sur laquelle nous n'avons encore que des renseignements rudimentaires, rend particulièrement délicates les théories relatives aux corps transparents.

A quoi tient la transparence? Pourquoi le diamant est-il transparent alors que le charbon est opaque? On sait seulement qu'aucun corps transparent ne possède la conductibilité électrique caractéristique des métaux opaques : peut-être l'étude des relations de l'électricité et de la lumière finira-t-elle par élucider la question?

Tandis que la vitesse de tous les sons est la même, indépendamment de leur acuité, c'est-à-dire de leur fréquence, et constitue pour chaque milieu un élément déterminé en fonction de son élasticité et de sa densité, la vitesse de la lumière dans les milieux transparents autres que le vide dépend, au contraire, de la fréquence. Les diverses lumières simples diffèrent par leur réfrangibilité, c'est-à-dire que chacune d'elles a, dans un milieu déterminé, un indice de réfraction propre et, par conséquent, une vitesse propre en raison inverse de cet indice. C'est le phénomène de la *dispersion* découvert par Newton. La matière agit donc d'une manière différente pour modifier la vitesse des lumières de diverses couleurs, c'est-à-dire de longueur d'onde, ou de fréquence inégale.

Les milieux transparents agissent encore d'une autre manière. Les corps, même les plus transparents, absorbent une partie de la lumière incidente. Quand l'épaisseur du milieu croît en progression arithmétique, l'intensité d'une lumière simple transmise décroit en progression géométrique, d'où il suit que chaque couche de milieu infiniment mince exerce son absorption, proportionnellement à l'intensité qu'elle reçoit.

Le coefficient d'absorption, comme l'indice, dépend de la couleur, et, par conséquent, de la fréquence. Il est naturel de penser et l'expérience confirme que les deux variations sont corrélatives. Certaines substances transparentes présentent une ou plusieurs bandes d'absorption, c'est-à-dire que leur coefficient d'absorption devient très grand dans certaines régions du spectre. On observe aussi que, dans ces régions, la dispersion s'écarte beaucoup des conditions habituelles. L'ordre même de réfrangibilité des couleurs peut se trouver interverti, comme si le spectre ordinaire, décrit par Newton, s'était replié une ou plusieurs fois sur lui-même, à la façon des feuilles d'un éventail. Ce phénomène, dit de la *dispersion anomale*, observé pour la première fois par M. Le Roux avec un prisme de vapeur d'iode, a été retrouvé, depuis, avec des corps tels que le permanganate de potasse, la fuchsine, ou diverses vapeurs métalliques. Désormais, on ne peut essayer d'établir une théorie de la dispersion qui ne soit aussi une théorie de l'absorption.

L'éther, libre ou engagé dans les corps transparents, est seul capable de transmettre des vibrations lumineuses. Mais ces vibrations ne peuvent être produites, modifiées ou absorbées sans le concours de la matière. Les corps incandescents excitent, dans l'éther, des vibrations lumineuses. Elles peuvent aussi être excitées à basse température, à la faveur d'actions chimiques ou électriques, dans des conditions encore très imparfaitement connues (phénomènes de luminescence). La nature des radiations ainsi émises ou absorbées est souvent fort complexe (spectres d'émission et d'absorption). On commence à peine, dans certains cas, à posséder quelques relations empiriques reliant entre elles les longueurs d'onde d'une partie des raies émises. C'est dire combien l'on est loin de la solution de problèmes qui, de fait, commencent à peine à se poser et combien la constitution intime de l'éther et celle de la matière demeurent encore obscures pour nous.

CHAPITRE IX

Les fluides électriques et les électrons.

Les fluides impondérables. — Hypothèses relatives aux fluides électriques : Symmer ; Franklin. — Idées de Faraday et de Maxwell. — Différences d'action des deux électricités. — Action de la lumière ultra-violette sur les métaux électrisés. — Action de l'électricité sur la condensation de la vapeur d'eau. — Rayons cathodiques et rayons canaux. — Masse des électrons négatifs et positifs. — Unité naturelle de quantité d'électricité. — La réserve d'électricité d'un corps n'est pas inépuisable. — Expériences de M. Kaufmann. — La masse matérielle est-elle de nature électromagnétique ?

Le feu, l'un des quatre éléments d'Aristote, est l'ancêtre authentique des fluides impondérables.

Au commencement du XIXe siècle, on admettait généralement l'existence de huit fluides :

L'éther lumineux, ou la matière des particules lumineuses ;

Le calorique ;

Le fluide électrique neutre ;

Le fluide électrique positif ;

Le fluide électrique négatif ;

Le fluide magnétique neutre ;

Le fluide magnétique austral ;

Le fluide magnétique boréal.

A une époque où le nombre des corps simples connus s'accroissait chaque jour, les savants n'avaient pas plus de scrupule à inventer un nouveau fluide impondérable qu'à admettre l'existence d'un corps simple de plus.

Cependant, l'esprit humain cherche toujours l'unité sous la variété infinie des formes. Et de même que de nombreux chimistes inclinent à admettre l'unité fondamentale de la matière, dont les divers corps simples ne manifesteraient que des états plus ou moins condensés, de même les physiciens tendent à réduire tous les fluides impondérables à l'éther et l'éther même à la matière ou inversement.

On sait comment le calorique a disparu de la science, le jour où l'équivalence de la chaleur et de l'énergie mécanique a été établie. Déjà, auparavant, la découverte des actions électro-magnétiques avait porté un coup fatal aux trois fluides magnétiques. Il est intéressant de retracer, en quelques traits, l'histoire des fluides électriques.

La science électrique est toute moderne. A l'époque de la Renaissance, l'ancienne observation de Thalès, relative à l'ambre jaune, est généralisée par Gilbert et des années doivent se passer avant que Gray découvre la propriété des corps conducteurs de l'électricité. De ce jour, on sait que la propriété électrique est susceptible de se transmettre le long d'un conducteur, comme les propriétés de l'eau

circulent, avec l'eau elle-même, le long d'un canal.
Il est donc assez naturel de donner un corps à
l'électricité, d'en faire un fluide impondérable.

Lorsque Dufay eut reconnu deux modes d'électrisation irréductibles, on n'hésita pas à admettre deux
fluides électriques au lieu d'un, les fluides résineux
et vitré; et, comme, par la réunion de ces deux
fluides, les corps retournent à l'état non électrisé,
qu'il répugnait d'admettre qu'un fluide pût être
créé ou détruit, on imagina, avec Symmer, que les
corps, à l'état non électrisé, contiennent du fluide
neutre, lequel se sépare en ses éléments résineux et
vitré soit par le frottement, soit dans toute autre
occasion où de l'électricité se produit. On sait, en
effet, que les deux électricités apparaissent toujours
à la fois. Et, comme le processus de l'électrisation
semble pouvoir se répéter indéfiniment, sans que,
d'ordinaire, on constate une usure spéciale, on
admit que la provision de fluide neutre est, pour
ainsi dire, indéfinie dans un corps de masse matérielle finie, tel qu'un plateau de machine électrique,
par exemple.

Quand, à la fin du xviiiᵉ siècle, Coulomb eut
énoncé et démontré la loi quantitative des attractions et des répulsions électriques, calquée sur la
loi de l'attraction newtonienne, l'électrostatique se
trouva constituée; et, à travers les fortunes diverses
qu'elle a subies, au cours du xixᵉ siècle, tantôt en
faveur, tantôt plus ou moins décriée, la théorie de

Symmer a survécu dans l'enseignement, tant elle fournit une image commode des phénomènes. Le principe de la conservation de l'électricité, dont M. Lippmann a tiré de si curieuses conséquences, s'y adapte admirablement, puisque les fluides électriques sont, de leur nature, indestructibles.

Trois fluides pour rendre compte d'une seule catégorie de phénomènes, c'est beaucoup. Ne peut-on réaliser une économie ? Rien de plus facile, si l'on s'en tient aux seuls phénomènes reliés numériquement par les lois de Coulomb. Franklin, Æpinus avaient déjà interprété les attractions et les répulsions électriques à l'aide d'un seul fluide. Comme le fluide neutre de Symmer, ce fluide est contenu en abondance dans tous les corps à l'état neutre. Ses particules jouissent de la double propriété de se repousser entre elles et d'attirer les particules matérielles. Quand un corps nous paraît électrisé, c'est qu'il contient plus ou moins de fluide électrique qu'à son état normal. De là deux modes distincts d'électrisation, *positif* et *négatif*. On démontre aisément que deux corps tous deux positifs ou tous deux négatifs doivent se repousser, tandis qu'un corps positif attire un corps négatif. Les hypothèses de Symmer et de Franklin conduisent qualitativement et quantitativement à des résultats identiques. Elles sont pratiquement équivalentes. En plus, l'hypothèse unitaire a l'avantage de réunir dans un seul système d'hypothèses les phénomènes électriques et ceux de la gravitation. Et cependant, de ce système, les noms seuls d'électricité positive et négative ont subsisté.

Les physiciens du xixᵉ siècle sont, au fond, restés assez indifférents à cette querelle. Quand on prend pour unités correspondantes de quantités d'électricité positive et négative des quantités telles que leur réunion donne de l'électricité neutre, la formule de Coulomb, avec un seul coefficient numérique dépendant du choix de l'unité d'électricité, permet le calcul complet des phénomènes. Les physiciens, regardant, avec quelque raison, toutes les théories électriques comme provisoires et probablement fort éloignées de la réalité, ne demandaient plus à la théorie classique que de fournir une image et une terminologie commodes.

Faraday et, après lui, Maxwell considèrent les corps électrisés comme apportant une perturbation dans un milieu spécial, répandu dans tout l'espace, et qui bientôt se confondra avec l'éther lumineux. L'énergie électrique a son siège, non plus à la surface des conducteurs électrisés, mais en tous les points du milieu diélectrique intermédiaire, comme l'énergie élastique d'un solide déformé réside, non à sa surface où sont appliquées les forces extérieures, mais en tous les points de sa masse. A mesure que la science électrique progresse, elle est de plus en plus envahie par un symbolisme analytique. La réalité des phénomènes s'en trouve comme voilée.

Les belles théories mathématiques nous séduisent par leur généralité. Les phénomènes qu'elles embrassent et dont elles permettent le calcul complet sont si nombreux, qu'on ferme instinctivement les yeux sur ceux qui leur échappent. Trop épars pour trouver place dans un enseignement dogmatique, ils demeurent ignorés de la foule. Il faut qu'un hasard heureux les manifeste avec persistance, par exemple en faisant échouer quelque expérience minutieusement préparée ; alors l'attention du physicien s'éveille, de nouveaux faits sont enregistrés, coordonnés et la science fait un pas décisif.

De très vieilles expériences, par exemple celle des figures de Lichtemberg, manifestaient une différence de propriétés entre les électricités positive et négative. L'apparence des aigrettes que l'on aperçoit dans l'obscurité au-dessus d'une pointe est toute différente suivant le signe de l'électricité que la pointe laisse échapper. Un tube à gaz raréfié présente à ses deux pôles des colorations et des aspects différents. Rien de tout cela n'est prévu par la loi de Coulomb.

Dans l'électrolyse des sels fondus ou dissous, le métal est lié à l'électricité positive qu'il transporte, tandis que le radical du sel est lié à l'électricité négative. L'électrolyse manifeste ainsi une constitution binaire de la matière électrolytique. On sait que Berzélius voulut généraliser : il classa tous les éléments en électropositifs et électronégatifs, fondant ainsi tout un système chimique sur les relations de l'électricité et de la matière. Ce système est essentiellement dualiste.

Une découverte récente paraîtra sans doute décisive. Quand on fait tomber de la lumière ultra-violette à la surface d'un métal électrisé, l'effet produit est nul ou insignifiant si le métal est électrisé positivement ; mais, s'il est électrisé négativement, le métal perd rapidement sa charge. Voilà qui est nettement irréductible à un simple changement de signe. C'est bien une différence spécifique entre les deux sortes d'électricité.

Une découverte non moins curieuse, due à Robert von Helmholtz, est celle de l'action exercée par l'électricité sur la condensation des vapeurs. Dans un espace bien exempt de poussières, la vapeur d'eau peut présenter un assez haut degré de sursaturation sans se condenser. La présence d'électricité libre favorise la condensation. Pour une détente qui laissait antérieurement la vapeur parfaitement transparente, on observera maintenant un brouillard plus ou moins épais, dont on parvient, par des procédés indirects, à compter les gouttes. Le nombre de celles-ci se trouve être proportionnel à la quantité d'électricité contenue dans un centimètre cube de l'enceinte. L'on constate que des quantités égales d'électricité positive et négative provoquent la formation du même nombre de gouttes. On interprète ce curieux résultat en admettant une structure discontinue du fluide électrique. Une quantité d'électricité serait formée d'un nombre de centres de condensation proportionnel à cette quantité. Chaque centre peut être considéré comme un atome électrique ou *électron*. Un électron positif et un électron négatif portent des charges électriques égales et contraires. Et, puisqu'on sait mesurer une charge électrique et compter les centres de condensation, c'est-à-dire les électrons, on peut connaitre la charge de chacun d'eux. C'est une unité naturelle d'électricité. On en comparera la valeur à celle des unités C. G. S. antérieurement choisies.

Ici encore une différence spécifique se manifeste entre les deux électrisations. Le degré de sursaturation à partir duquel l'électricité provoque la condensation de la vapeur d'eau est moindre si l'électrisation est négative que si elle est positive. Cette différence d'action, irréductible à un changement de signe, s'interprète en admettant que les centres négatifs sont de plus petites dimensions que les centres positifs.

L'étude de la déviation produite par un champ électrostatique ou par un champ magnétique uniforme sur des rayons cathodiques et sur des rayons canaux de Goldstein, qu'on sait être formés respectivement de particules négatives et de particules positives en mouvement, confirme cette conclusion. Les centres négatifs ont une masse matérielle d'un ordre de grandeur mille fois plus petit que l'atome d'hydrogène électrolytique lié à la même charge. Les centres positifs ont une masse du même ordre de grandeur que celle des atomes électrolytiques.

On considérera donc un atome matériel neutre comme formé par la réunion de deux masses très inégales susceptibles de se séparer, sous diverses influences, pour donner un centre positif et un centre négatif. Les deux fluides électriques deviennent matériels, puisqu'on peut leur attribuer une masse, et le fluide neutre ne se distingue plus de la matière ordinaire.

Ainsi l'électricité se fond en quelque sorte dans la matière. Pas de mouvement d'électricité qui ne soit aussi un mouvement matériel. Les fluides électriques, dédaignés des physiciens du milieu du XIXe siècle, relégués par eux dans les archives de la physique non loin du fluide calorique, reviennent cinquante ans après, avec un regain de faveur. Ils sont matériels et nous les considérons à peu près comme des sortes de gaz.

Si l'électricité est formée d'éléments dont la réunion constitue de la matière ordinaire, la provision d'électricité que peut fournir un corps n'est nullement indéfinie : elle est seulement très grande. C'est ainsi qu'un gramme de zinc, dans une pile, un gramme d'oxyde de plomb, dans un accumulateur, ne fourniront que des quantités d'électricité limitées et connues. Un plateau de machine électrique frottant entre ses coussins pendant des années, ne subira pas de diminution de poids apparente, mais cela tient exclusivement à la petitesse des charges électriques qu'il débite, comparées à celles que transporte, en une seconde, un courant d'un ampère par exemple. Quand le plateau de machine électrique aurait fourni un nombre suffisant d'ampère-heures, ce qui exigerait des milliers de siècles, la perte de poids du plateau finirait par être sensible.

J'ai dit que l'électricité se résorbe en quelque sorte dans la matière. Il parait presque aussi vrai de dire aujourd'hui que la matière se résorbe dans l'éther lumineux. Mais ceci exige quelques développements.

L'électricité en équilibre produit un champ électrostatique. L'électricité en mouvement produit, en outre, un champ magnétique. La création d'un champ magnétique consomme une certaine quantité d'énergie. Donc, si je veux mouvoir *une quantité d'électricité* précédemment en repos, je dois fournir de l'énergie, qui sera d'ailleurs restituée si je ramène au repos la masse d'électricité en mouvement.

Si je veux mouvoir *une masse matérielle* au repos, il faut dépenser une certaine quantité d'énergie, équivalente à la force vive produite. Réciproquement, si je veux arrêter une masse matérielle en mouvement, elle me restitue une quantité d'énergie équivalente à la force vive dont elle était animée. Remarquons qu'en disant qu'un corps matériel a une masse, je fais simplement allusion à cette propriété, qu'on appelle aussi l'inertie de la matière.

Le parallélisme des phénomènes qui accompagnent : 1° la mise en mouvement d'une masse d'électricité, en vertu de la production du champ magnétique et 2° la mise en mouvement d'une masse matérielle, en vertu de son inertie, est évident. Il est clair, d'ailleurs, que si une masse électrique est compliquée d'une masse matérielle à laquelle elle est invariablement liée et qu'elle entraine dans son mouvement, il y aura double absorption d'énergie quand on voudra la mouvoir, double restitution d'énergie quand on l'arrêtera. M. Kaufmann a évalué l'inertie électromagnétique d'un centre électrique négatif et l'a comparée à son inertie totale ; c'est-à-dire qu'il a comparé la masse totale que l'on est amené à attribuer à une particule négative, à la masse apparente qui résulterait pour elle exclusivement de ce qu'elle crée un champ magnétique, et il a trouvé que cette masse totale et cette masse fictive sont égales. La masse réelle, matérielle au sens propre du mot, de la particule négative serait donc nulle. Sa masse est entièrement fictive, purement électromagnétique.

Cette conclusion ne peut être étendue *directement* aux centres positifs, dont la masse électromagnétique est la même que celle des centres négatifs, puisqu'ils portent la même quantité d'électricité, tandis que leur masse matérielle apparente est d'un ordre de grandeur mille fois plus grand. On peut toutefois considérer ces centres comme ayant une constitution beaucoup plus complexe et il n'est pas évident que, si cette constitution était connue, leur masse réelle ne s'annulerait pas aussi complètement que celle des centres négatifs. Alors il n'y aurait plus que des masses apparentes d'origine électro-magnétique. *La matière s'évanouirait* au profit de champs magnétiques dont elle nous manifesterait l'énergie. Remarquons d'ailleurs que ce n'est là, actuellement, qu'une hypothèse presque gratuite, qu'on est parfaitement libre de ne pas accepter, jusqu'à plus ample informé.

Le champ électrostatique et le champ magnétique ne sont, d'après Maxwell, que des manifestations d'énergies dont l'éther lumineux est le support. J'étais donc bien fondé à dire que l'une des tendances de la science actuelle est d'absorber la matière dans l'éther.

CHAPITRE X

Les ondes électriques. — Les vibrations hertziennes.

Le champ électrique et le champ magnétique. — Parallélisme approché des propriétés électriques et magnétiques. — Hypothèse d'Ampère. — La production d'un champ magnétique est-elle instantanée ? — Propagation de l'induction. — Expériences de Feddersen. — Expériences de Hertz. — Ondes électriques. — Identité de nature des ondes électriques, lumineuses, calorifiques et actiniques.

Historiquement, l'étude du magnétisme a marché de pair avec celle de l'électricité. Les mêmes savants ont contribué aux progrès de l'une et de l'autre et souvent de la même manière. A l'observation de Thalès, relative à l'ambre, correspond son observation sur la pierre d'aimant. Gilbert et Æpinus se sont occupés des corps électrisés et des aimants. Coulomb a formulé les lois des attractions et des répulsions électrostratiques et magnétiques et il a mis en œuvre, pour les démontrer, des méthodes en quelque sorte identiques. L'hypothèse des fluides magnétiques a été calquée sur celle des fluides électriques. Les diélectriques de Faraday ont fourni, en électrostatique, l'équivalent des corps magnétiques et, quand Mossotti a voulu faire la théorie mathématique des diélectriques, il n'a eu qu'à reprendre la théorie magnétique de Poisson. Le parallélisme serait absolu si, d'une part, la susceptibilité des corps ferromagnétiques, variable avec l'intensité du champ magnétique, était au contraire constante, et si, d'autre part, on connaissait des corps conducteurs du magnétisme à rapprocher des corps conducteurs de l'électricité.

Quand OErstedt eut découvert l'action du courant électrique sur l'aiguille aimantée, on sait comment Ampère réussit à imiter les propriétés extérieures des aimants à l'aide de solénoïdes électriques. Ampère émit l'hypothèse, extrèmement hardie pour l'époque, de l'identité des aimants et des courants. Il imagine dans le fer et l'acier des courants électriques de dimensions moléculaires, auxquels il attribue le pouvoir magnétique de ces substances. Les courants moléculaires préexistent à l'action du champ magnétique dont l'effet est seulement de les orienter, en surmontant une sorte de réaction élastique, qui tend à ramener ces courants à leur orientation primitive. Le phénomène bien connu de la saturation des aimants correspond à l'orientation complète de tous les courants particuliers existants ; l'aimantation permanente ou résiduelle, à une limite d'élasticité magnétique, analogue à la limite d'élasticité ordinaire des métaux. Des observations déjà anciennes de G. Wiedemann ont montré

jusqu'à quel point le parallèle de l'élasticité magnétique et de l'élasticité proprement dite peut être
poussé. Enfin les découvertes de M. Osmond sur les
transformations allotropiques du fer, et sur l'hété-
rogénéité des éléments dont sont formés les meilleurs
aciers ont permis de se rendre un compte, au moins
approximatif, des effets de la trempe, du recuit, et
des modifications correspondantes que subit la susceptibilité magnétique temporaire ou permanente.

Si l'on ajoute que la découverte des deux sortes
d'électrons dont est formé un atome matériel neutre
permet de se donner une image des courants
particulaires d'Ampère, par le mouvement de rotation d'électrons négatifs autour de centres positifs
et de comprendre en même temps comment les courants peuvent subsister sans une dépense continue
d'énergie, on peut dire que, bien que beaucoup de
choses restent encore dans l'ombre et qu'une théorie
complète des aimants paraisse encore lointaine,
l'hypothèse d'Ampère, vieille de près d'un siècle, a
subi avec succès l'épreuve du temps. Elle subsis-
tera dans ce qu'elle offre d'essentiel.

Nous savons qu'une masse électrique en mouvement crée un champ magnétique. La production de
ce champ est-elle instantanée? En d'autres termes,
le champ magnétique, embrassant tout l'espace extérieur à la masse électrique mobile, est-il créé subitement et tout d'une pièce, ou résulte-t-il d'une
modification du milieu qui remplit l'espace, modi-

fication qui ne peut se produire que de proche en proche, à la façon d'une déformation élastique ?

Toute variation d'un champ magnétique peut être manifestée par un phénomène d'induction. Soit un circuit A dans lequel nous produirons un courant inducteur et des circuits B, B'... placés à diverses distances. Peu après la découverte de l'induction, on s'est demandé si les courants induits dans tous ces circuits seront simultanés. Mais les premiers essais d'expérience devaient être stériles, à cause de l'énormité de la vitesse de propagation, égale à celle de la lumière.

Nous n'avons à notre disposition ni des espaces interplanétaires pour y placer des circuits induits, en imitant la méthode de Rœmer, ni des écrans opaques à l'induction pour imiter la méthode de Fizeau. Posséderions-nous au moins un miroir pour les phénomènes d'induction? Si oui, il nous est loisible d'imiter la méthode de Foucault, à moins que, renonçant aux méthodes directes, nous ne cherchions à déduire la vitesse de propagation de l'observation d'un phénomène d'interférences. C'est ce qui a été tenté par Hertz avec un plein succès.

Quand on met en communication les deux armatures d'une bouteille de Leyde, le caractère de la décharge change suivant le rapport que l'on établit entre la capacité électrique de la bouteille et les constantes caractéristiques du circuit de décharge. Si la résistance du circuit est grande, la décharge se fait d'une façon relativement lente et tranquille, en une seule fois. Mais si la résistance devient très petite par rapport aux autres grandeurs, la décharge, plus tumultueuse, se fait par une série d'oscillations : la violence de l'écoulement électrique est telle que la bouteille déchargée se charge d'elle-même en sens contraire, puis dans le même sens, etc., jusqu'à ce que l'énergie disponible se soit épuisée sous forme de chaleur dégagée dans le circuit.

Une image très fidèle du double régime de décharge d'une bouteille de Leyde est fournie par un tube en U contenant de l'eau à des niveaux différents dans ses deux branches. Celles-ci sont séparées par un robinet d'abord fermé. Si l'on entr'ouvre le robinet, l'équilibre hydrostatique s'établit lentement et le niveau s'égalise peu à peu, sans à-coups. Mais si la clé du robinet étant très large, on l'ouvre brutalement et d'un seul coup, l'égalité de niveau est dépassée en vertu de la vitesse acquise par la colonne liquide : il s'établit une différence de niveau de sens contraire, pui   c même sens et ainsi de suite, jusqu'à ce que le frottement de l'eau sur les parois du tube ait absorbé toute la force vive de la colonne oscillante.

Grâce à l'emploi d'un miroir tournant, Feddersen découvrit la décharge oscillante des bouteilles de Leyde. Les conditions théoriques qui règlent le régime de décharge et fixent la période d'oscillation furent indiquées quelques années plus tard par lord

Kelvin. Ce savant prouva qu'il est aisé d'obtenir ainsi des fréquences de quelques millions d'oscillations par seconde.

Hertz a utilisé les oscillations électriques de Feddersen. Il s'est proposé de faire interférer le champ magnétique directement produit par ces oscillations avec un champ magnétique réfléchi correspondant. Où trouverons-nous le miroir réflecteur des ondes d'induction magnétique ?

Quand une masse conductrice est soumise à l'action d'une force électromotrice alternative, il résulte des lois connues de l'induction que la distribution du courant ne peut être uniforme. Plus la fréquence sera grande et moins le courant pénétrera dans la profondeur. Si la fréquence devient extrêmement grande, la distribution du courant sera presque exclusivement superficielle.

.Cela posé, produisons des oscillations électriques dans un circuit plan A, parallèle à une plaque métallique B qui fera fonction de miroir. Pour bien nous rendre compte des phénomènes, nous ne considérerons d'abord qu'une demi-oscillation du courant, et nous en représenterons le sens par une flèche ——>. Quand le champ magnétique développé atteindra la plaque B, il y développera un courant induit superficiel <—— de sens contraire au courant de A. Ce courant induit, à son tour, développe un champ magnétique qui, ne pouvant se propager à l'intérieur de la plaque métallique, se propage dans l'air, en sens inverse du champ primitif. Ce champ réfléchi tend à produire dans tout circuit parallèle à B, un courant induit de sens contraire au courant de B, c'est-à-dire dans le sens ⟶ du courant de A. L'effet produit par la plaque B est donc comparable à la réflexion, sans changement de signe de la vitesse, qui se produit à l'extrémité d'un tuyau sonore ouvert.. Mais ici les vibrations propagées sont transversales, comme les vibrations lumineuses.

Considérons maintenant, dans leur ensemble, les ondes émanées de A. L'interférence des ondes directes et réfléchies provoquera des maximum et des minimum de l'induction équidistants, dans des plans parallèles aux plans A et B, et de telle sorte que B sera un ventre de vibration électrique.

Pour reconnaître la place des ventres et des nœuds d'induction, Hertz a recours à un circuit plan présentant une très petite interruption. Les courants induits s'y manifestent par la production d'étincelles minuscules qu'on aperçoit très bien dans l'obscurité. Pour donner à ce système toute la sensibilité possible, on donne au circuit induit des dimensions convenables pour que sa période propre d'oscillation coïncide avec celle des décharges excitatrices. On voit que cet appareil jouera le rôle que remplissent en acoustique les caisses de résonnance des diapasons, ou les résonateurs de Helmholtz. Placé dans tout autre plan qu'un plan nodal des vibrations électriques, il fournira un courant de petites étincelles plus ou moins fortes, mais perceptibles. La distance de deux plans dans lesquels le circuit réso-nateur ne fournira pas d'étincelles mesure la demi-longueur d'onde des vibrations électriques employées.

Mais, d'après les dimensions du circuit A excita-teur, on connaît la fréquence des vibrations. Con-naissant la longueur d'onde et la fréquence, on en déduit la vitesse de propagation. Hertz trouve qu'elle se confond avec la vitesse de propagation de la lumière. Ainsi, le problème de la propagation des ondes électromagnétiques a été complètement résolu par Hertz, et dans un sens tel que les vibrations électriques se trouvent assimilées à des vibrations lumineuses.

Nous remarquerons que la direction de la vibration électrique est connue. Or, en un point quelconque, d'un champ magnétique oscillant, la direction du champ magnétique et celle du champ électrostatique sont rectangulaires. Une particule magnétique fic-tive oscillerait dans une direction normale à celle de la propagation, mais perpendiculaire à la direction de l'oscillation électrique. Ainsi une direction de propagation du champ magnétique admet deux plans de symétrie, celui de la vibration électrique et celui de la vibration magnétique. Ces plans correspondent aux deux plans de symétrie des rayons lumineux.

Tout cela était prévu par la théorie électromagné-tique de Maxwell, antérieure d'une trentaine d'an-nées à la découverte de Hertz. Une vibration électrique perturbe l'éther comme le ferait une vibration lumineuse, sans qu'on puisse décider d'une manière certaine si la vibration lumineuse équivalente coïnciderait avec la vibration électrique ou avec la vibration magnétique.

Au fond, il n'y a de différence entre les vibrations électromagnétiques et les vibrations lumineuses que celle qui résulte de leur plus ou moins grande fréquence.

S'il en est ainsi, on doit pouvoir reproduire, à l'aide de vibrations électriques, toutes les expériences de l'optique. Hertz et ses successeurs ont, en effet, montré que les lois de la réflexion et de la réfraction sont applicables aux ondes électriques ; que ces ondes peuvent être polarisées, subir la polarisation rotatoire, la double réfraction, etc.

Hertz a donc fait pour les vibrations électriques ce qui avait été fait, plus d'un demi-siècle auparavant, pour les radiations calorifiques obscures découvertes dans le spectre solaire, en deçà du rouge, par Herschell. Quand de la Provostaye et Desains proclamèrent l'identité de la chaleur rayonnante et de la lumière, ils furent d'une hardiesse au moins égale à celle de Hertz. Il ne leur suffit pas d'avoir montré que la chaleur obscure se réfléchit, se réfracte, se polarise, subit la double réfraction, etc. Pour arracher l'adhésion de leurs contemporains, ils durent montrer que la propriété calorifique et la propriété lumineuse, superposées dans les régions rouge, orangée et jaune du spectre solaire sont inséparables ; que toute expérience dans laquelle on essaye d'affaiblir la radiation lumineuse dans un certain rapport, que ce soit par réflexion, par absorption ou par polarisation, affaiblit aussi l'effet calorifique dans le même rapport ; et que si on supprime totalement la chaleur ou la lumière, dans une région du spectre caractérisée par une valeur donnée de la longueur d'onde, on supprime du même coup l'effet lumineux ou calorifique associé.

La même identification suivit tout naturellement pour les radiations invisibles très réfrangibles douées d'un pouvoir photographique. On profita de ce que la propriété lumineuse et l'action photographique se trouvent superposées dans le bleu et dans le violet. Mais cette suprême ressource fait défaut pour les vibrations électriques, dont la longueur d'onde est très supérieure à toutes celles du groupe lumineux et même du groupe calorifique obscur.

En résumé, on connait aujourd'hui un ensemble très important de radiations qui, se propageant toutes avec la vitesse de la lumière, doivent, en définitive, être rapprochées, étroitement reliées entre elles. Ce sont, en commençant par les vibrations de faible longueur d'onde : 1° les radiations photographiques ou actiniques dites ultra-violettes, dont la longueur d'onde varie de 1/10000 à 4/10000 de millimètre environ, soit dans un intervalle de deux octaves ; 2° les radiations lumineuses, de 4 à 8/10000 de millimètre (une octave à peu près) ;

3° les vibrations calorifiques infra-rouges que l'on a pu suivre récemment jusqu'à des longueurs d'onde de 61/1000 de millimètre, c'est-à-dire dans un intervalle d'à peu près six octaves ; 4° enfin les vibrations électriques, à la longueur d'onde desquelles il n'y a pas de limite supérieure, mais qu'on n'a encore pu obtenir avec des longueurs d'onde inférieures à 4 millimètres. Pour descendre plus bas, il faudrait construire des systèmes excitateurs et résonateurs extraordinairement petits, car déjà, pour 4 millimètres, ils ne sont guère plus grands que des têtes d'épingle. Aucune raison théorique ne s'oppose d'ailleurs à ce que l'on comble, par la pensée, la lacune d'environ six octaves qui subsiste entre les ondes calorifiques les plus longues et les ondes électriques les plus courtes. Cette lacune correspond à l'intervalle qui sépare un corps de dimensions petites, mais encore maniable dans son ensemble, d'un système de dimensions moléculaires. Il faut admettre que les trois premières sortes de vibrations, ultra-violettes, lumineuses et infra-rouges ont leur siège au sein même des atomes ou des molécules, tandis que nos vibrations électriques sont produites dans des corps de dimensions finies.

CHAPITRE XI

La Conservation de l'Énergie

Nous allons passer à un ordre d'études tout différent. Tant qu'il s'agissait de vibrations et de phénomènes connexes, si nous ne pouvions toujours donner une image matérielle, un modèle mécanique proprement dit des phénomènes étudiés, nous établissions du moins, par un lien pour ainsi dire continu, la parenté des ondes liquides, acoustiques, optiques et électriques.

Dans le domaine de la chaleur, où nous allons pénétrer, nous partons de notions expérimentales en apparence tout à fait étrangères à la mécanique. Il sera particulièrement intéressant de voir par quelle voie les phénomènes mécaniques et calorifiques sont venus se fondre dans une science plus générale, la thermodynamique, dont la mécanique n'est plus qu'un chapitre.

L'étude de la chaleur a son origine dans une de nos sensations, celle de chaud et de froid. Les anciens hommes, dès qu'ils ont su faire du feu, n'ont pu manquer d'observer les effets produits par un foyer ardent : dilatation, fusion, vaporisation, carbonisation et combustion de diverses matières. Mais l'antiquité ne nous a légué à ce sujet aucune mesure, aucune loi.

La science de la chaleur est donc toute moderne. Elle repose sur les deux notions de température et de quantité de chaleur, et elle fait usage de deux sortes d'instruments, thermomètres et calorimètres, dont l'invention ne remonte respectivement qu'au milieu du xviie et au dernier quart du xviiie siècle.

Les premiers thermomètres n'étaient que de grossiers thermoscopes : ils n'étaient pas comparables entre eux. Mais l'idée de substituer l'observation de cet instrument à la sensation était juste, la disposition de l'appareil ingénieuse et il suffit d'adopter, pour la graduation des thermomètres, une règle rationnelle pour les transformer en instruments de précision. Cela ne s'est pas fait en un jour.

Quatre-vingts ans environ après la construction des premiers thermomètres, en 1714, Fahrenheit eut l'idée de prendre pour zéro de son appareil le point correspondant au plus grand froid observé à Dantzig, lequel lui parut correspondre à la température obtenue par le mélange réfrigérant (glace et sel) en usage chez les pâtissiers. Son second point de repère était la température du corps humain. L'usage de nos points fixes actuels a été introduit par Réaumur; celui de l'échelle centigrade, par Celsius, en 1743. Ce n'est d'ailleurs que dans le dernier quart du XIXe siècle qu'on arrive à fixer les conditions précises que doit remplir un thermomètre à mercure pour déterminer, à moins de un dixième de degré près, une température quelconque comprise entre 0° et 100°.

Les premières tentatives pour mesurer une quantité de chaleur remontent seulement à Black et Irvine (1779). L'une des méthodes qu'ils employèrent, suggérée quelques années auparavant par Wilcké, est fondée sur la fusion de la glace. On sait comment un calorimètre à glace permet de définir une quantité de chaleur indépendamment de toute échelle thermométrique, par un poids de glace fondue. Si, à l'exemple de Bunsen, on substitue à la pesée, rendue plus ou moins incertaine par la nécessité de séparer l'eau de fusion, l'observation de la variation du volume d'un système formé de glace et d'eau, l'appareil, devenu une sorte de volumètre, permettra de pousser très loin l'approximation des mesures.

Non seulement on peut, sans ambiguïté, définir des quantités de chaleur égales, on peut aussi ajouter des quantités de chaleur au sein d'un calorimètre, par exemple la chaleur dégagée par une souris à celle que dégage pendant le même temps un bec de gaz.

La quantité de chaleur est donc une grandeur physique parfaitement déterminée.

Au contraire, le degré d'une échelle thermométrique n'est point une unité proprement dite. Ajouter la température d'un morceau de glace à celle d'une masse de plomb fondu n'offre à l'esprit aucun sens. Le thermomètre ne nous fournit qu'un repérage propre à nous faire reconnaître des températures égales et, plus généralement, à nous permettre de classer les températures dans un ordre qui est bien celui des corps que nos sens nous font juger de plus en plus chauds.

Pour faire notre classification thermique, nous avons arbitrairement choisi l'observation de la dilatation apparente du mercure dans le verre. Il eût été également logique d'observer par exemple la force élastique maximum de la vapeur d'eau. Et si nous définissions alors le point 0° et le point 100° comme on le fait dans l'échelle centigrade, le point 50° du thermomètre à pression maximum correspondrait, à très peu près, à 81°,85 du thermomètre à dilatation, sans que, pour cela, on pût constater la moindre inversion dans l'ordre des températures fournies par les deux instruments ; le corps le plus chaud pour l'un serait aussi toujours le plus chaud pour l'autre.

Hâtons-nous de dire que les choses n'ont pas été ainsi envisagées dès l'origine. Les physiciens ont attribué une valeur absolue aux nombres de leur échelle arbitraire. Ils ont admis, *à priori*, que chaque corps présente un coefficient de dilatation fixe, sans s'apercevoir qu'ils supposaient ainsi que la loi de dilatation de tous les corps était la même. Il faut arriver à Regnault pour trouver, deux cents ans après l'invention du thermomètre, les premières idées correctes sur ce point.

Acceptons la notion de température pour ce qu'elle vaut. L'indication du thermomètre à mercure, toute arbitraire qu'elle est, constitue une variable dont nous ferons choix pour l'étude thermique des corps. La forme plus ou moins compliquée des lois auxquelles nous parviendrons ainsi nous apprendra si cette variable est bien ou mal choisie.

Jusqu'en 1842, une quantité de chaleur passait pour quelque chose d'indestructible. En effet, dans les expériences calorimétriques ordinaires, celles qui servent, par exemple, à la détermination des chaleurs spécifiques, on constate seulement que de la chaleur passe d'un corps à un autre, dans le sens du plus chaud au plus froid. Mais, quels que soient le nombre et la nature des corps en présence, la somme des quantités de chaleur gagnées par quelques-uns de ces corps est égale à la somme des quantités de chaleur perdues par les autres.

Il était donc naturel de matérialiser la chaleur, d'en faire un fluide, *le calorique*, qui s'écoule des corps chauds vers les corps froids, comme l'eau passe d'un récipient supérieur dans un récipient inférieur, sans que la quantité totale d'eau se trouve modifiée. La conservation des quantités de chaleur paraissait ainsi nécessaire. L'hypothèse avait l'avantage de fournir une interprétation de la dilatation des corps. Le calorique, se logeant entre les particules de matière, devait naturellement les écarter.

En 1798, Rumford avait observé que le forage des canons dégage beaucoup de chaleur. En faisant frotter une masse de bronze contre une autre, un cheval de manège amena de l'eau à l'ébullition. Mais cette expérience isolée n'entraîna pas la conviction des physiciens, accoutumés à considérer le calorique, non comme une hypothèse propre à rendre compte de certains faits, mais comme une réalité. On chercha des échappatoires; en cherchant bien, on en trouva.

Aujourd'hui, tout le monde attache à l'expérience de Rumford sa signification véritable. Les expériences classiques de Joule, pour déterminer l'équivalent de la chaleur en travail mécanique, reproduisent pour ainsi dire l'expérience de Rumford dans des conditions accessibles aux mesures; et l'expérience, variée de cent façons, est absolument incompatible avec l'existence d'un fluide calorique à laquelle personne ne croit plus.

Il semble que les physiciens auraient dû, de tout temps, être frappés des rapports intimes entre les phénomènes calorifiques et mécaniques. Soit un corps solide dont je veux diminuer le volume : j'y parviens en exerçant à sa surface une pression uniforme, mais il me suffit aussi de le refroidir. Depuis un temps immémorial, le charron, pour faire adhérer un cercle de fer à la circonférence d'une roue de bois, construit ce cercle un peu trop petit, le fait rougir au feu, puis, après l'avoir enfilé sur la roue, se hâte de le refroidir à grand renfort de seaux d'eau. La contraction du cercle de fer développe une pression énergique qui le fait adhérer à la roue. De même, on resserre les deux lèvres d'une lézarde, sur un vieux mur, par un bras de fer qu'on boulonne à chaud et qui en se refroidissant ramène le mur.

Nous pourrions constituer une échelle de température par voie mécanique. Caractérisons chaque température par la pression qu'il faudrait exercer sur le corps thermométrique pour compenser sa dilatation, c'est-à-dire pour le ramener au volume qu'il occuperait, par exemple, dans la glace fondante. Si le corps thermométrique est un gaz, l'expérience serait précisément celle que faisait Regnault quand il mesurait ce qu'il a appelé la dilatation d'un gaz sous volume constant. L'appareil ne serait autre chose que le thermomètre à gaz, à volume constant et à pression variable, préconisé par Regnault.

Il est curieux de constater que la découverte de l'équivalence de la chaleur et du travail est venue, pour ainsi dire, à son heure. Sans concert préalable, des savants de nationalité, d'éducation entièrement différentes, la réalisent presque simultanément par des voies diverses et certainement d'une manière indépendante. Parmi ces inventeurs, ou leurs collaborateurs de la première heure, nous citerons Robert Mayer, un médecin; Helmholtz, un professeur de physiologie; Hirn, un ingénieur; enfin Joule, un simple amateur.

Les raisonnements, les expériences se succèdent avec une rapidité surprenante. En peu d'années, la nouvelle découverte devient populaire. Que s'est-il passé depuis Rumford, et pourquoi l'idée qui a couvé sourdement, depuis plus de quarante ans, éclate-t-elle comme un incendie aux quatre coins de l'horizon?

Le mode de raisonnement employé par Robert Mayer se fonde sur l'inégalité des chaleurs spécifiques d'un même gaz, suivant qu'on l'échauffe à pression constante ou à volume constant; et ceci nous conduit à reprendre les choses d'un peu plus haut.

Newton avait donné, pour représenter la vitesse du son dans l'air, une formule théorique qui se trouva en désaccord avec l'expérience. Les raisonnements de Newton portaient cependant ce cachet de clarté et de simplicité qui convient à l'interprétation de vraies lois naturelles. Ces raisonnements devaient être incomplets, non radicalement faux.

Laplace suggéra que le désaccord de la formule

de Newton et de l'expérience pourrait bien tenir à ce que les gaz seraient plus difficiles à échauffer sous pression constante qu'à volume constant.

Un peu plus tard, en 1819, deux manufacturiers, Clément et Desormes, présentaient à l'Académie une expérience fort ingénieuse *sur le calorique du vide*. Ils pensaient avoir prouvé que pour élever la température d'un espace vide, il faut dépenser de la chaleur. L'idée n'était pas autrement absurde. Mais la quantité d'énergie que peut contenir, à un moment donné, une portion de l'espace traversée par un rayonnement est hors de toute proportion avec les quantités de chaleur mises en jeu dans l'expérience de Clément et Desormes.

Laplace reconnut que cette expérience s'expliquait très bien dans l'hypothèse de l'inégalité des chaleurs spécifiques C sous pression constante et c sous volume constant, et même qu'elle était éminemment propre à fixer le rapport C/c. Si on corrige la formule de Newton à l'aide des résultats de l'expérience de Clément et Desormes, on trouve la vraie valeur de la vitesse du son, celle que donnent les mesures directes.

Laplace s'arrête là. Il était pourtant naturel de se demander ce que peut bien devenir la chaleur fournie en excès à un gaz, quand on l'échauffe sous pression constante. Je prends un litre d'air, à une pression et à une température données : je dois considérer que cette masse de gaz est dans des conditions parfaitement définies ; rien ne me révèle de quelle façon on s'y est pris pour l'échauffer, quelle relation il y a eu entre les variations de sa pression et celles de sa température depuis que ce litre d'air existe. Cependant, si le calorique est une matière, la quantité que le litre d'air en contient dépend essentiellement de toutes ces variations que je puis encore renouveler à plaisir, en ajoutant de nouveaux chapitres à l'histoire de ce litre d'air. Par des opérations convenablement conduites, je pourrai y accumuler, ou en retirer, des quantités indéfinies de calorique, sans rien changer à ses propriétés. Voilà qui est bien difficile à admettre.

Mais si je remarque, avec Mayer, qu'une masse d'air échauffée à pression constante travaille, en repoussant, pour se dilater, la pression extérieure ; qu'elle peut ainsi soulever un piston chargé de poids, tandis qu'à volume constant, il n'y a aucun travail à fournir, il paraît très naturel d'admettre que la chaleur supplémentaire, dans le cas de l'échauffement à pression constante, est employée à produire un travail mécanique dont la valeur nous est d'ailleurs connue. Connaissant aussi la différence des quantités de chaleur fournies dans les deux cas, on calculera, comme le fit Mayer, le nombre d'unités de travail correspondant à la consommation d'une unité de chaleur.

Mayer était médecin, il était spécialement préoccupé du fonctionnement de la machine animale. Or, on constate qu'un animal absorbe des aliments, généralement combustibles, qui, par conséquent, fourniraient de la chaleur, si on les brûlait dans un foyer. D'autre part, les animaux sont eux-mêmes des foyers : plongés dans un calorimètre, ils y dégagent, d'une manière continue, des quantités de chaleur mesurables. Enfin, ils sont capables d'exécuter du travail mécanique. Mayer ne doute pas que la même relation d'équivalence, découverte dans le cas des gaz, ne subsiste aussi pour l'animal qui travaille (ce qui d'ailleurs a été vérifié directement par Hirn), ainsi que dans les cas les plus divers que l'on puisse imaginer.

Il y a cependant une restriction, formulée par Mayer lui-même. C'est qu'il n'y a réellement relation d'équivalence que quand on considère un cycle d'opérations fermé : il faut que le corps ou le système de corps par l'intermédiaire duquel s'opère la transformation de chaleur en travail, ou inversement, soit revenu, à la fin des opérations, au même état physique et chimique qu'au début. Si, en définitive, il y a eu changement, soit de température, soit de volume, s'il y a eu un gaz dégagé aux dépens de matières primitivement solides ou liquides (vaporisation ou décomposition); en somme, si, outre de la chaleur dégagée ou absorbée et du travail consommé ou produit, il y a eu d'autres phénomènes concomitants, la relation qui exprime l'ensemble des résultats de l'expérience ne peut, en général, subsister entre la chaleur et le travail seuls, puisque ce ne sont plus les seules variables.

L'expérience montre que, quand cette condition de cycle fermé (identité de l'état initial et final) n'est pas satisfaite, quand tout au moins il est impossible de fermer le cycle par des opérations qui n'exigent de variation ni de chaleur ni de travail, la relation d'équivalence ne subsiste plus. Ainsi, un gaz qui se détend librement effectue du travail sans absorber de chaleur; mais, après la détente, il est plus froid qu'avant. De la poudre qui brûle dans l'âme d'une pièce de canon produit un travail et dégage en même temps de la chaleur au lieu d'en absorber; mais, à la place de la poudre, on trouve les produits de sa combustion, etc.

Toutes les expériences par lesquelles on a essayé de déterminer la valeur mécanique de l'unité de chaleur, offrent bien le caractère de fournir un cycle fermé d'opérations; elles comportent une double mesure : celle du travail consommé et celle de la chaleur produite ou inversement. Suivant la nature des expériences, la précision de la double mesure est variable. Mais, ce qui importe essentiellement, c'est que les résultats concordent entre eux, à des quantités près, toujours plus petites que la limite, évaluée *à priori*, de l'erreur possible des mesures. On a successivement mis en œuvre le frottement d'une roue à palettes par rapport à l'eau, le frottement d'un métal contre un métal, de l'eau contre les parois de tubes capillaires; la percussion sur une masse de plomb, écrasée entre un marteau et une enclume; la compression ou la détente d'une masse d'air; le mouvement de rotation d'un disque de cuivre tournant dans un champ magnétique intense, et diverses autres expériences dans lesquelles l'électricité joue un rôle. Enfin, on a eu recours à la machine à vapeur fonctionnant dans des conditions industrielles et ces dernières expériences ont eu pour résultat d'entraîner l'adhésion des ingénieurs, jusque-là un peu rebelles à ces nouveautés. En somme, chaque nouvelle expérience est venue confirmer l'exactitude du principe. A 425 kilogram-mètres environ qui disparaissent ou apparaissent, correspond une grande calorie qui apparaît ou disparaît; ou, en unités C. G. S., à une petite calorie correspondent $4{,}17{.}10^7$ ergs.

Admettons que nous n'avons pas encore fait choix d'une unité de chaleur. Nous savons maintenant que la chaleur et le travail sont susceptibles de s'échanger avec une relation d'équivalence. Nous pouvons donc choisir, pour notre unité de chaleur, la chaleur produite par la transformation d'une unité de travail, un kilogrammètre ou un erg, suivant le système d'unités mécaniques adoptées. Alors, l'équivalent mécanique de l'unité de chaleur devient égal à 1.

On voit qu'on peut considérer le principe de l'équivalence comme consistant essentiellement en une définition rationnelle de la quantité de chaleur, évaluée non plus par un poids de glace fondue ou par un poids d'eau échauffée, mais indépendamment de toute substance particulière, par le travail équivalent à cette quantité de chaleur.

Dès la découverte du principe de l'équivalence, Rankine a montré toute sa portée en le rapprochant des transformations mécaniques dans lesquelles la chaleur n'intervient pas, et il a introduit la notion très générale de l'*énergie*. La force vive, le travail mécanique, la chaleur ne sont plus que des formes de l'énergie. Tous les phénomènes sont caractérisés par des transformations d'énergie, mais ils sont toujours tels qu'une forme d'énergie ne disparaît qu'en produisant, sous une autre forme, l'équivalent de l'énergie disparue. Ainsi, sur un marché où règne la justice, les diverses denrées, marchandises ou métaux précieux, s'échangent à des taux fixés par leur valeur commerciale et chaque acheteur ou vendeur remporte, en partant, quoique sous des formes diverses, la valeur exacte qu'il avait apportée. De même que la valeur du kilogramme de chaque denrée est d'ordinaire évaluée en or, la valeur de chaque sorte d'énergie sera évaluée par son équivalent en travail mécanique.

Sous ce point de vue, le seul qu'autorisent absolument les expériences, de l'énergie mécanique, de l'énergie électrique, de l'énergie chimique, de la chaleur n'ont pas, entre elles, plus d'identité que du blé, de la soie, du fer ou de l'or. Mais tandis que le cours du blé, de la soie ou du fer, évalué en or, est variable d'un marché à l'autre, le cours des diverses sortes d'énergie en travail mécanique est immuable. Attribuer à l'énergie une essence propre, en faire une sorte d'être réel, c'est outrepasser l'expérience. Aucune considération philosophique ne peut élargir une notion expérimentale au delà de sa définition.

La notion d'énergie est considérée, aujourd'hui, comme primordiale. Elle envahit jusqu'à l'enseignement primaire. Historiquement, elle ne pouvait venir que fort tard, si vaste est sa compréhension, si nombreuses sont les expériences qu'il faut supposer réalisées pour en acquérir la notion précise et dont elle nous fournit la synthèse tardive. Si, dans l'enseignement élémentaire, on introduit la notion d'énergie tout au début, il me semble que dans l'enseignement supérieur, qui n'a de portée qu'à la condition d'être critique, elle doit être rejetée à la fin, car ici, la synthèse ne peut être que le résultat, non le point de départ.

On remarquera que, sauf dans le cas de la chaleur, l'énergie n'est pas une grandeur susceptible de mesure directe. Elle se présente, expérimentalement, comme le produit de deux nombres ou plus, dont chacun correspond à une grandeur que l'on mesure séparément. Ainsi, le travail mécanique se déduit d'une mesure de force et d'une mesure de longueur; la force vive, d'une mesure de masse et d'une mesure de vitesse qui, elle-même, est indirecte et suppose une mesure de longueur et une mesure de temps; une mesure d'énergie électrique dépend d'une mesure de charge électrique et d'une mesure de potentiel, mesures elles-mêmes complexes; ou encore, de mesures complexes de résistance électrique et d'intensité de courant et d'une mesure de temps, etc.

En résumé, la notion d'énergie ne se présente pas de front dans l'expérience, comme celle de force ou de masse, mais, en quelque sorte, de biais. C'est une notion d'ordre supérieur qui n'a pu venir qu'à son heure, alors que le champ de la science avait été fortement remué, par l'effort de plusieurs générations de savants.

CHAPITRE XII

La dégradation de l'énergie.

Analogie des moteurs hydrauliques et thermiques. — Première forme du principe de Carnot. — Postulat de Clausius. — Entropie. — Dégradation de l'énergie.

Nous avons vu que le principe de la conservation de l'énergie s'est introduit dans la science d'un seul bloc. Les fondateurs de la thermodynamique en ont eu simultanément la conception très nette : ils en ont aperçu la généralité. Leurs successeurs n'y ont rien ajouté d'essentiel. Ils l'ont seulement étayé de nouvelles preuves ; ils en ont facilité les applications et les ont éclairées d'une lumière plus vive.

Il n'en a pas été de même du second principe de la thermodynamique, le principe de Carnot-Clausius.

Le problème que se posait Sadi Carnot en 1824, près de vingt ans avant la découverte du principe de l'équivalence, était celui des moteurs thermiques. Élevé dans la croyance à la matérialité du calorique, Carnot ne semble nulle part la mettre en doute. Son attention est concentrée ailleurs.

Carnot remarque que, dans tout moteur thermique, il y a une chute de température, comme, dans tout moteur hydraulique, il y a une chute d'eau. L'eau travaille en tombant d'un niveau à un niveau plus bas. La chaleur travaille en tombant d'une haute à une basse température : dans une machine à vapeur, de la température de la chaudière à celle du condenseur. Le fluide calorique remplace le liquide eau ; et comme le travail mécanique dépend de deux facteurs, la quantité d'eau qui tombe et la différence de niveau des deux biefs, le travail du moteur thermique doit dépendre des deux facteurs : quantité de calorique et chute de température.

De même qu'un moteur hydraulique, pour utiliser pleinement une chute, ne doit pas laisser perdre d'eau en route, par des fuites à ses augets, et qu'il doit déposer sans vitesse au bief inférieur l'eau puisée sans vitesse au bief supérieur; de même dans un moteur thermique, on n'utilisera pleinement la chute de chaleur qu'à la condition de ne pas laisser fuir en route le fluide calorique et de le déposer intact au pôle froid de la machine, après que, par son travail seul, il s'est abaissé de la température du pôle chaud à celle de ce pôle froid. L'*agent de transformation*, ainsi que l'appelle Carnot, la vapeur d'eau par exemple, dans son trajet de la chaudière au condenseur, ne devra jamais se trouver en relation qu'avec des corps à la même température qu'elle, et elle ne se refroidira qu'en travaillant par sa détente. Aucune perte par conductibilité, par rayonnement ou par convection n'est compatible avec la perfection que Carnot demande au moteur thermique.

Enfin, de même que la forme d'une machine hydraulique importe peu, pourvu qu'elle évite les pertes d'eau et de vitesse, la nature de l'agent de transformation, vapeur d'eau ou d'un autre liquide, air chaud, etc., est indifférente, si les pertes de chaleur et les chutes de température non liées à un travail mécanique y sont évitées.

Comme on le voit, Carnot se laisse guider par une analogie fort originale, mais incomplète. La température est, il est vrai, analogue à un niveau géodésique en cela qu'elle règle le sens dans lequel doit s'écouler la chaleur, comme le niveau géodésique règle le sens dans lequel s'écoule l'eau. Mais la quantité de chaleur n'est pas comparable à la quantité d'eau, puisque, d'après le principe de l'équivalence, que Carnot ne connaissait pas, une portion de la chaleur, cédée par la source chaude à l'agent de transformation, disparaît dans l'acte de la production du travail mécanique et n'est pas restituée à la source froide, tandis que l'eau passe intégralement d'un bief dans l'autre.

La base sur laquelle Carnot va élever son édifice est donc fragile. On pourrait craindre que toute la construction ne fût caduque. Il n'en a heureusement rien été.

On dit qu'une opération est réversible quand elle peut s'accomplir dans les deux sens indifféremment. Si l'opération est purement mécanique, la condition de réversibilité est que les forces en jeu s'équilibrent exactement. Dans le cas des moteurs hydrauliques parfaits, considérés par Carnot, la force motrice de l'eau est équilibrée par les résistances opposées à la roue hydraulique ; il suffit de changements infiniment petits de la puissance et de la résistance pour que le mouvement s'exécute dans un sens ou dans l'autre. Si le mouvement est direct, l'eau passe du bief supérieur au bief inférieur, en exécutant un travail mécanique. C'est le cas habituel. Si le mouvement est inverse, l'appareil devient une machine élévatoire qui transporte de l'eau du bief inférieur au bief supérieur, ce qui exige la dépense d'un travail égal à celui que produirait l'eau dans le mouvement inverse.

Dans le moteur thermique parfait de Carnot, outre l'équilibre mécanique, il y a aussi à tout instant équilibre thermique. Les échanges de chaleur sont donc susceptibles de changer de signe pour une variation de température infiniment petite. Si l'on renverse le sens de toutes les opérations, au lieu d'emprunter de la chaleur à la source chaude pour produire du travail mécanique, la machine absorbera du travail mécanique et versera de la chaleur sur la source chaude. Tout ceci est parfaitement correct, pourvu qu'on ne spécifie pas, comme le faisait à tort Carnot, que la source froide reçoit ou perd autant que la source chaude perd ou reçoit.

Les moteurs thermiques étant réversibles, il nous est loisible d'associer deux de ces appareils fonctionnant en sens inverse ; et si, comme l'affirme Carnot, l'agent de transformation est indifférent, le système des deux machines sera comparable à celui de deux moteurs hydrauliques associés en sens contraire. On pourrait régler deux appareils hydrauliques parfaits de systèmes différents, de telle sorte que le second fonctionnant dans le sens rétrograde, reversât au bief supérieur toute l'eau que le premier en enlève : le système des deux machines accouplées n'utiliserait plus du tout la chute et ne produirait aucun travail. On pourra de même régler deux moteurs thermiques parfaits, dans lesquels on fait usage d'agents de transformation différents, de manière que le second, fonctionnant dans le sens rétrograde, verse autant de chaleur sur la source chaude que le premier lui en enlève; et alors le système des deux machines n'utilisera plus la chute de chaleur et, d'après Carnot, il sera aussi impuissant à produire aucun travail. C'est dans cette affirmation, conclusion finale de la comparaison des moteurs hydrauliques et thermiques parfaits, que consiste le principe ou, si l'on veut, le postulat de Carnot.

Nous pouvons énoncer ce postulat d'une façon légèrement différente. Appelons, avec Carnot, *rendement* d'un moteur thermique le travail qu'il fournira par unité de chaleur empruntée à la source chaude. Les deux moteurs de Carnot, associés et évoluant en sens inverse, sans que leur système produise aucun travail, produiraient, s'ils fonctionnaient dans le même sens, la même quantité de travail; et, comme alors ils emprunteraient la même quantité de chaleur à la source chaude, ils auraient le même rendement. Le principe de Carnot peut donc s'énoncer ainsi : *deux moteurs thermiques parfaits, fonctionnant entre la même source chaude et la même source froide, c'est-à-dire dans le même intervalle de température, ont le même rendement.*

Nous ne suivrons pas Carnot dans les conclusions qu'il tire de son postulat. Dans l'hypothèse de la matérialité du calorique qu'il prend pour une réalité, il démontre que ce postulat équivaut à l'impossibilité du mouvement perpétuel.

Dans un mémoire posthume, qui n'a été publié qu'à une époque relativement récente, Carnot cherche à vérifier l'égalité de rendement de moteurs parfaits à air chaud et à vapeur d'eau, en utilisant les données expérimentales, très incomplètes, que l'on possédait à son époque. Il tente ainsi une vérification expérimentale qui réussit, d'ailleurs, aussi bien que le permet le manque de précision des données.

De même que l'expérience de Rumford, le mémoire de Carnot, *Sur la puissance motrice de la chaleur,* était prématuré. Il fut peu remarqué et, malgré la publication d'un excellent commentaire qu'en fit, quelques années plus tard, Clapeyron, on peut dire qu'il était déjà oublié au moment de la découverte du principe de l'équivalence. Ce n'est qu'une dizaine d'années plus tard, en 1854, qu'un savant allemand, Clausius, s'avisa de chercher si le principe de Carnot ne pourrait pas être mis en harmonie avec les idées nouvelles. Rien n'est, en effet, plus simple. Il suffit de supprimer la condition inutile d'égalité que Carnot, avec tous ses contemporains, établissait entre la quantité de chaleur Q_1 empruntée par le moteur à la source chaude et la quantité Q_2 versée sur la source froide. Le travail fourni par le moteur thermique est, en réalité, l'équivalent de la différence $Q_1 - Q_2$ et le rendement, défini par Carnot, est proportionnel au rapport de la chaleur $Q_1 - Q_2$ utilisée, à la chaleur Q_1 empruntée à la source chaude. Nous nommerons ce rapport *coefficient économique*. Le nouvel énoncé du postulat de Carnot sera que *deux moteurs thermiques parfaits, fonctionnant entre les mêmes limites de température, ont le même coefficient économique,* quel que soit l'agent de transformation.

Carnot avait cru lier son principe à l'impossibilité du mouvement perpétuel. En empruntant une forme de raisonnement identique, fondée sur l'association de moteurs accouplés fonctionnant en sens inverse, Clausius établit que le postulat de Carnot équivaut à cet autre : *il est impossible de faire passer de la chaleur d'une source froide sur une source chaude sans dépenser du travail mécanique, ou sans qu'en même temps de la chaleur passe aussi d'une source chaude sur une source froide.* Ainsi énoncé, le principe de Carnot est bien conforme à ce que montre l'expérience vulgaire, à savoir que, dans les conditions ordinaires, les échanges de chaleur se font toujours d'eux-mêmes des corps chauds aux corps froids, jamais en sens inverse.

Lorsque Clausius eut réhabilité le principe de Carnot, lord Kelvin en fournit des vérifications analogues à celle qu'avait tentée Carnot. Utilisant des nombres plus exacts, déduits des expériences de Regnault, il obtint des vérifications beaucoup plus satisfaisantes. On peut donc considérer le principe de Carnot-Clausius comme un principe expérimental. Il est, d'ailleurs, bien mieux établi par la vérification expérimentale de certaines conclusions très éloignées qu'il comporte.

Le calcul d'un moteur parfait à air chaud prouve que son coefficient économique est égal au rapport $\dfrac{T_1 - T_2}{T_1}$, T_1 et T_2 étant les températures centigrades des deux sources comptées non à partir de la glace fondante, mais à partir d'une température de $-273°$ centigrades. Ainsi, le coefficient économique d'un moteur parfait fonctionnant entre $0°$ et $100°$ centigrades, c'est-à-dire entre $273°$ et $373°$ de la nouvelle échelle serait $100/373$ ou environ $0,268$, soit un peu plus d'un quart. Presque les trois quarts de la chaleur sont reversés sur la source froide, et il en sera de même pour tout moteur parfait fonctionnant entre les mêmes limites de température. On voit aisément que le coefficient économique est d'autant plus grand que les températures extrêmes T_1 et T_2 sont plus écartées, d'où l'avantage des moteurs à vapeur à haute pression. Il est vain de chercher à améliorer le rendement par un changement de nature de l'agent de transformation en substituant, par exemple, la vapeur d'alcool ou la vapeur d'éther à la vapeur d'eau, comme l'ont tenté divers inventeurs. La commodité seule devra intervenir pour le choix de l'agent employé.

On voit combien les conséquences du principe de Carnot ont d'importance au point de vue industriel. Mais j'insisterai, de préférence, sur sa signification physique et ses applications proprement scientifiques.

Rappelons que, jusqu'ici, notre échelle de température est arbitraire. Le principe de Carnot nous fournira une échelle de température rationnelle. Son énoncé suppose seulement qu'on ait défini des températures égales et qu'on sache, n'importe comment, distinguer une température plus haute d'une plus basse. Pour définir un intervalle de température, nous imaginerons, avec lord Kelvin, un moteur parfait fonctionnant dans cet intervalle, et nous prendrons le rapport Q_1/Q_2 des quantités de chaleur empruntée à la source chaude et restituée à la source froide, pour mesure de l'intervalle. Le principe de Carnot nous apprend que le rapport $Q_1 - Q_2/Q_1$ est constant, par conséquent aussi le rapport Q_1/Q_2. Il est donc bien caractéristique de l'intervalle de température. Le calcul du moteur à air nous apprend, en outre, que $Q_1/Q_2 = T_1/T_2$. Par suite, nous pouvons, sous certaines restrictions qu'il n'y a pas lieu de préciser ici, faire coïncider l'échelle de température thermodynamique avec l'échelle centigrade comptée à partir de $-273°$.

De même que le principe de l'équivalence fournit une définition rationnelle de la quantité de chaleur, le principe de Carnot fournit donc une définition rationnelle de la température. Ces définitions sont indépendantes des propriétés particulières d'un corps quelconque tel que l'eau, le mercure ou les gaz. Nous n'entendons pas dire qu'il sera plus commode, dans la pratique, de mesurer une quantité de chaleur en la transformant d'abord en travail à l'aide d'un moteur thermique, ni de mesurer un intervalle de température en installant un moteur parfait dont on évaluera le coefficient économique. Mais nous pouvons ainsi reposer notre esprit sur des symboles plus satisfaisants.

Le parallèle que nous établissons entre les deux principes de la thermodynamique peut être poursuivi plus loin. Le principe de l'équivalence a permis de définir, sous le nom d'*énergie interne* d'un système, une grandeur qui demeure invariable quand le système revient à son état primitif par un cycle d'opérations quelconques. A l'énergie interne, le principe de Carnot fait correspondre l'*entropie*, grandeur physique qui revient à sa valeur initiale quand le système auquel elle se rapporte accomplit un cycle fermé réversible.

Si l'on prend en considération les phénomènes irréversibles, tels que les échanges de chaleur s'opérant d'eux-mêmes entre des corps à température différente, on reconnait que chacun de ces phénomènes correspond à une occasion perdue de produire du travail mécanique. On pouvait, en effet, installer un moteur thermique qui, fonctionnant momentanément entre le corps chaud et le corps froid, considérés comme sources de chaleur, aurait produit un certain travail en égalisant leurs températures. Ce travail ne pourra plus jamais être recueilli.

Puisque le travail qu'il nous est loisible de recueillir aux dépens d'une quantité donnée d'énergie calorifique empruntée à un corps est d'autant plus grand que ce corps est plus chaud, nous pouvons dire que nous faisons une utilisation meilleure de la chaleur, à mesure que nous la puisons à une température plus haute. Cette utilisation est toujours incomplète. Elle est liée au transport d'une partie de la chaleur empruntée sur une source froide qui est, par exemple, à la température de l'atmosphère ambiante. Cette chaleur est désormais inutilisable pour nous. On a coutume de dire que l'énergie, ainsi transportée sans profit, s'est *dégradée;* pour notre usage, s'entend. L'énergie mécanique, toujours susceptible de se transformer intégralement en énergie mécanique d'une autre forme, est considérée comme de *qualité* supérieure à l'énergie calorifique, transformable en travail seulement en partie. L'énergie calorifique est d'autant plus prisée qu'elle est utilisable en proportion plus forte, c'est-à-dire qu'elle provient de sources plus chaudes.

On appelle souvent le principe de Carnot principe de la dégradation de l'énergie. Chaque fois que de l'énergie passe d'une source chaude à une source froide, il y a dégradation d'énergie, mais, si le transport s'opère de manière réversible, la dégradation est minimum.

Il est curieux de noter que l'homme civilisé, tout comme le sauvage, ne sait manifester sa joie qu'en dégradant le plus possible d'énergie. Nous faisons des illuminations; nous tirons des feux d'artifice. La nature n'est pas moins prodigue. Tous les grands spectacles qu'elle nous offre, le choc des vagues contre la falaise, les cascades, les orages, ne sont que des dégradations d'énergie. La chaleur que le soleil verse à torrents sur les déserts est d'abord recueillie sans profit par le sable aride pour être ensuite rayonnée, sans plus de profit, vers les espaces célestes. Nous laissons perdre la force des vents, et quand nous parvenons à discipliner celle des cascades, la précieuse énergie mécanique se dégrade encore entre nos mains, sous forme de frottements qui usent, sans utilité pour nous, les organes de nos machines.

Ainsi, l'énergie se dégrade sans cesse. Tout système fini tend vers un équilibre absolu, irrémédiable. Les mondes meurent comme les individus. Y a-t-il quelque part une source de vie capable de faire remonter la pente à notre vieux monde, de relever en grade l'énergie déchue, d'éloigner l'ensemble des choses de l'équilibre mortel vers lequel tout ce qui nous entoure parait tendre nécessairement ?

CHAPITRE XIII

Théorie cinétique.

Hypothèse des mouvements moléculaires. — Théorie mécanique
de la chaleur. — Hypothèse de D. Bernoulli. — Objet du
calcul des probabilités. — Son application aux phénomènes
physiques. — Interprétation de la loi de Mariotte; de la loi
de Gay-Lussac. — Diffusion des gaz. — Conductibilité calorifique des gaz. — Loi du mélange des gaz. — La théorie
cinétique transportée aux dissolutions. — Pression osmotique. — La théorie cinétique et l'électrolyse. — Cas des
ions gazeux. — Distinction de la théorie mécanique de la
chaleur et de la thermodynamique.

Les deux chapitres précédents ont été consacrés
à la découverte et à l'exposé de deux nouveaux principes expérimentaux, fournis par l'étude de la chaleur. Nous ne nous sommes pas préoccupés de
savoir si les phénomènes calorifiques, pris dans leur
ensemble, comportent une interprétation mécanique.

Les plus anciens philosophes ont parlé du mouvement du feu. Peut-être ne faisaient-ils ainsi
qu'évoquer l'image des tourbillons aperçus dans la
flamme. De la Renaissance au milieu du xixe siècle,
beaucoup de philosophes et de savants ont suggéré
que la chaleur consiste dans l'agitation des molé-

cules des corps. Mais cette assertion, dénuée de preuves absolument convaincantes, était en contradiction avec l'existence, généralement admise, du fluide calorique. Elle n'a réellement pénétré dans l'enseignement qu'à la faveur du principe de l'équivalence. Il est vrai que, dès lors, elle a été vulgarisée un peu hâtivement. *La chaleur est un mode de mouvement.* C'est là, désormais, un cliché presque banal. Tout le monde a entendu parler de la *théorie mécanique de la chaleur.*

De fait, nous avons établi une relation d'équivalence entre la force vive, dont une masse matérielle est animée, et la quantité de chaleur que produit la suppression de cette force vive. Comme nous voyons, par le choc, la force vive passer d'un corps à un autre sans altération, nous pouvons interpréter le principe de l'équivalence, en admettant que quand de la force vive sensible disparait, elle ne fait que se transformer en force vive insensible appartenant, non à la masse d'un corps pris en bloc, mais à ses plus petites parties prises isolément.

Avons-nous de par ailleurs quelque raison de supposer que les molécules d'un corps chaud ou ses atomes sont en mouvement?

La chaleur rayonnante est transmise, à travers le vide, du corps rayonnant aux corps qu'il échauffe, par les vibrations de l'éther interposé. Comment les corps chauds mettent-ils l'éther en vibration? On ne conçoit guère la chose, si les particules ultimes de la matière ne participent elles-mêmes aux vibrations qu'elles communiquent ou qu'elles absorbent. Toutes les théories proposées pour expliquer la dispersion dans les milieux transparents sont fondées sur cette hypothèse d'une covibration de l'éther et de la matière, s'influençant réciproquement.

Toute absorption ou tout dégagement de chaleur par un corps matériel correspondrait donc à une modification du mouvement de ses plus petites parties : molécules, atomes ou électrons. Quand un corps s'échauffe par destruction de travail mécanique, c'est une simple dissémination du mouvement, assez analogue à celle qui résulte du choc d'un marteau, mettant en vibration l'enclume et, par son intermédiaire, toute la masse de l'atmosphère ambiante. Dans le cas du choc parfaitement élastique, il y a une coordination des petits mouvements qui manque dans le cas des chocs inélastiques ou des frottements. Là serait toute la différence.

Quelque naturelle et même vraisemblable que puisse sembler l'hypothèse, ainsi présentée d'une manière vague et générale, il faut reconnaître qu'elle ne saurait s'imposer tant qu'on n'aura pu préciser la nature des mouvements moléculaires, de façon à prévoir les lois particulières à chaque espèce de corps; surtout tant qu'on n'aura pas fourni une interprétation mécanique satisfaisante du principe de Carnot.

Dans l'état, relativement peu avancé, de nos connaissances expérimentales, on ne peut guère développer d'interprétation cinétique particulière, si ce n'est pour les gaz.

On nomme gaz parfait un gaz hypothétique différant des gaz réels en ce qu'il obéit rigoureusement aux lois de Mariotte et de Gay-Lussac. L'application des principes de la thermodynamique nous apprend que, pour un tel gaz, la détente dans le vide, c'est-à-dire non accompagnée de travail extérieur, n'entraîne aucune variation de température. Aucun gaz, même dans un intervalle restreint, n'obéit rigoureusement à ces lois. Elles sont l'expression d'un cas-limite. Mais, en vertu de la continuité des phénomènes naturels, nous pouvons appliquer les lois des gaz parfaits aux gaz réels avec une approximation d'autant plus grande que leur température est plus haute et qu'ils sont soumis à une pression plus faible.

On parvient à interpréter mécaniquement les propriétés d'un gaz parfait, particulièrement son pouvoir expansif, grâce à une hypothèse suggérée par Daniel Bernoulli, en 1738, plus de cent ans avant la découverte du principe de l'équivalence.

Bernoulli suppose que les molécules de gaz sont animées de mouvements de translation et que la pression exercée par un gaz sur les parois du vase qui l'enferme est due aux chocs répétés des molécules, réfléchies par les parois comme des billes de billard. Toutes les molécules n'ont pas au même instant la même vitesse, et la vitesse d'une même molécule change fréquemment de grandeur et de direction, en vertu des chocs réciproques. Mais la force vive intégrale du mouvement se conserve, et la force vive totale de l'unité de masse est caractéristique à la fois de la nature du gaz et de sa température.

La théorie, assez sommaire, de Bernoulli a été perfectionnée, dans ces soixante dernières années, par Krönig, Clausius, Maxwell, Boltzmann, etc., qui en ont fait l'une des plus curieuses et des plus intéressantes applications du calcul des probabilités.

L'objet propre de ce calcul ne fut d'abord que l'évaluation des chances dans les jeux de hasard. Soit, par exemple, un jeu de dés. Chaque dé étant un cube parfait, peut indifféremment tomber sur l'une quelconque de ses six faces. La chance d'amener un trois avec un seul dé et en un seul coup est donc de un contre cinq, et, si un pari s'engage entre deux joueurs, celui qui parie d'amener un trois doit normalement mettre un enjeu cinq fois plus faible que son adversaire. L'expérience montre, en effet, que, dans ces conditions *et si le jeu se répète un très grand nombre de fois*, les pertes et les gains des deux joueurs se compensent à peu près. Le bénéfice absolu de l'un des joueurs pourra être notable, mais il sera petit par rapport à la somme totale des enjeux qu'il a risqués.

L'expérience justifie donc une prévision approchée de ce qui, de sa nature, ne peut être prévu, mais à la conditition que la prévision portera, non sur un cas isolé, mais sur une multitude de cas. A la base de cette prévision, on trouvera toujours un dénombrement des cas favorables et défavorables, ces cas étant considérés comme tous également possibles *à priori*, sans qu'on puisse invoquer de cause connue tendant à faciliter l'un d'eux au détriment des autres.

Le nombre des molécules d'un gaz dans un centimètre cube est considéré comme extrêmement grand. Les vitesses sont distribuées au hasard ; elles varient à tout instant en grandeur et en direction, par suite des chocs, sans que nous puissions fixer d'avance un avantage en faveur de l'une des molécules, de l'une des vitesses ou de l'une des directions. Les mouvements individuels des molécules, dans cette sorte de chaos, échappent à toute prévision, et c'est précisément pour cela que ces mouvements, considérés dans leur ensemble, deviennent justiciables du calcul des probabiiités.

N'a-t-on pas observé que, dans les examens, la personnalité des candidats et celle des juges s'éliminent si, au lieu de considérer l'issue des épreuves d'un seul candidat, on cherche à prévoir le résultat de l'ensemble de tous les examens correspondant à une période décennale ou même à une seule session un peu nombreuse? On prétend que le changement même des programmes est sans influence. Si c'est bien là, comme il semble, le résultat d'une expérimentation prolongée, on accordera que la personnalité d'un candidat vaut bien celle d'une molécule et l'on acceptera plus volontiers les résultats de l'application du calcul des probabilités à la théorie cinétique des gaz.

Pour donner une idée sommaire de cette théorie, nous y introduirons quelques simplifications que le calcul des probabilités justifie d'ailleurs pleinement. Plaçons le gaz dans un vase cubique. Au lieu de considérer des vitesses dirigées indifféremment dans toutes les directions, nous supposerons que le tiers des molécules se meut de bas en haut, le tiers de droite à gauche et le tiers d'avant en arrière, c'est-à-dire normalement aux trois couples de faces du cube. Celá revient, au fond, à décomposer les vitesses réelles suivant trois axes de coordonnées normaux à ces faces. Nous attribuerons à toutes les molécules la même masse et la même force vive égale à la moyenne des forces vives que possèdent réellement les molécules dans leur mouvement non régularisé. Nous imaginerons enfin qu'une molécule ne rencontre jamais d'obstacle sur son chemin et qu'elle oscille d'une paroi à la paroi opposée. Nous faisons ainsi abstraction des chocs entre les molécules; mais, si le volume propre des molécules est supposé négligeable par rapport au volume total, et c'est justement le cas où la loi de Mariotte est applicable, il importe peu que le trajet total soit parcouru par une ou par plusieurs molécules qui, par le choc, se substitueront seulement l'une à l'autre. Le nombre des chocs contre la paroi importe seul pour déterminer la grandeur de la pression et il demeure le même dans les deux cas.

Remplaçons maintenant l'une des parois du cube par un piston mobile. Puisque le nombre total des molécules n'est pas modifié par le déplacement du piston, le nombre des chocs reçus par ce piston en une seconde, et, par conséquent, la pression qu'il supporte, sera en raison inverse du temps qu'une molécule emploie à effectuer le double trajet : du piston à la base opposée et retour au piston. La vitesse étant constante, ce temps est proportionnel à la distance du piston au fond, c'est-à-dire au volume, puisque la section est invariable. En dernière analyse, la pression est donc en raison inverse du volume. C'est la loi de Mariotte.

D'après la loi de Gay-Lussac, la pression d'un gaz, sous volume constant, croit proportionnellement à la température absolue T (température comptée à partir de $-273°$ centigrades). L'efficacité d'un seul choc est proportionnelle à la force vive de la molécule, c'est-à-dire au carré de sa vitesse. Il faut donc que la vitesse d'une molécule dans un gaz, à température variable, soit proportionnelle à la racine carrée de la température absolue.

La température absolue d'un gaz prend ainsi

une signification mécanique extrêmement simple.

On calculera la vitesse moyenne des molécules de chaque gaz, d'après la force vive totale de l'unité de volume, en attribuant à chaque gaz la densité donnée par l'expérience. On trouve des vitesses parfaitement comparables à celles de nos projectiles modernes. Pour divers gaz, en équilibre de pression et de température, ces vitesses sont en raison inverse de la racine carrée de la densité.

Le mélange des gaz s'opère de lui-même, par diffusion. C'est un argument puissant en faveur de la théorie cinétique. On s'étonnera peut-être que, les vitesses des molécules atteignant des centaines de mètres par seconde, la diffusion qui en résulte soit très lente. Il ne faut pas oublier que les molécules, dans le gaz le plus raréfié, sont encore très nombreuses et que leurs chocs réciproques limitent beaucoup l'espace libre qu'elles peuvent franchir en une fois. Chaque molécule décrit un zigzag très compliqué et, dans cette marche parfaitement désordonnée, ne progresse, en somme, que très lentement.

La conductibilité calorifique d'un gaz chauffé par le haut, de manière à éviter tout mélange provenant de courants gazeux (convection), est encore invoqué en faveur de la théorie cinétique. C'est, à proprement parler, la diffusion du gaz chaud dans le gaz froid. Le mécanisme ne diffère pas essentiellement de celui de la diffusion de l'hydrogène dans l'acide carbonique.

L'étude expérimentale de la diffusion et de la conductibilité calorifique renseignera les physiciens sur la longueur des chemins moyens et sur le rayon d'action d'une molécule.

La loi du mélange des gaz fournit encore un renseignement du plus haut intérêt. Puisque, à volume constant, le mélange des gaz ne modifie pas la pression résultante; qu'une fois les gaz mêlés, les molécules de l'un d'eux heurtent indifféremment des molécules de même espèce ou d'espèce différente, c'est donc que les forces vives des molécules des divers gaz se trouvent égalisées d'avance. Et puisque, sous une même pression, les forces vives totales, proportionnelles à la pression, sont aussi égales, c'est que, *sous le même volume, les gaz, à la même pression, contiennent le même nombre de molécules.* Par suite, la masse d'une molécule de chaque gaz est proportionnelle à la densité.

Sans pousser plus loin cette étude, on voit déjà quelle est la fécondité de l'hypothèse de Bernoulli. D'ailleurs, en dehors de la théorie des gaz, pour laquelle elle a été imaginée, elle a fourni un modèle précieux pour l'édification de quelques-unes des théories les plus hardies de la physique moderne.

Transportée, en premier lieu, aux molécules d'une substance dissoute, elle a interprété, avec élégance, les lois de la pression osmotique. Soit une dissolution étendue de sucre dans l'eau. La tendance de l'eau pure à venir diluer la solution, de l'autre côté d'une membrane perméable à l'eau, imperméable au sucre, peut être équilibrée par une pression exercée, en sens inverse, sur la dissolution. Cette pression, qui obéit aux lois de Mariotte et de Gay-Lussac, est aussi, d'après les mesures de Pfeffer, celle qui conviendrait à un gaz dont le poids moléculaire serait celui du sucre, si le volume de ce gaz était celui de la dissolution.

Transportons l'hypothèse de Bernoulli aux molécules de sucre disséminées dans l'eau, mais en tenant compte des attractions capillaires. Au sein de la dissolution, une molécule isolée de sucre éprouve, de la part des molécules d'eau, des attractions également dirigées dans tous les sens et qui, par conséquent, s'équilibrent. Les molécules de sucre se déplacent donc librement au sein de l'eau (c'est-à-dire sans qu'il y ait de direction privilégiée), tant qu'elles n'atteignent pas la région superficielle. Mais arrivées là, elles sont de plus en plus attirées vers l'intérieur, perdent leur vitesse et sont ramenées en arrière, c'est-à-dire sont réfléchies par la surface libre du liquide comme une molécule d'un gaz l'est par une paroi solide. La pression osmotique résulte de ces réflexions. Elle est donc soumise aux mêmes lois que la pression des gaz.

Les dissolutions électrolytiques obéissent aux lois générales de la pression osmotique, à cela près que la grandeur absolue de cette pression, comparée à celle d'un gaz dont le poids moléculaire coïnciderait avec celui de l'électrolyte, est toujours trop grande. Elle peut atteindre, au maximum, le double de la valeur prévue. Or, l'étude de la conductibilité électrique des électrolytes amène à les considérer comme dissociés plus ou moins complètement en *ions* (métal et radical acide). Si l'on assimile l'ensemble des ions d'une même espèce à un gaz indépendant, tout désaccord disparaît. Quand la dissociation de l'électrolyte n'est que partielle, on est dans le cas de trois gaz mêlés : la portion d'électrolyte non dissociée, et les deux sortes d'ions fournis par la partie dissociée. A la limite, si la dissociation est complète, on n'a plus que deux gaz, les ions et, le nombre des molécules de chacun d'eux étant alors égal au nombre primitif de molécules de l'électrolyte, la pression osmotique doit être exactement deux fois plus forte que si l'électrolyte n'était pas dissocié du tout. C'est bien ce que donne l'expérience.

La théorie de Bernoulli a été aussi transportée aux ions gazeux qui, produits, par exemple, sous l'action des rayons X, communiquent aux gaz une conductibilité électrique temporaire. On l'applique aux électrons libres à l'intérieur des conducteurs métalliques et l'on relie de cette manière la conductibilité électrique et la conductibilité calorifique des métaux, dont la solidarité avait été révélée par l'expérience et n'avait, jusque-là, reçu aucune explication.

Bernoulli se trouve avoir fourni l'un des moules

les plus parfaits que la pensée humaine ait jetés sur la réalité des choses.

Nous sommes d'ailleurs loin de prétendre que des théories plus ou moins analogues à la théorie cinétique, si ingénieusement développée pour les gaz et étendue ensuite à des cas, en apparence très différents, suffiront nécessairement à tout expliquer. L'étude expérimentale des liquides et des solides est comparativement très peu avancée. Comment espérer que l'on y trouve, à bref délai, la base d'une théorie mécanique dont l'ampleur dépasserait de si loin celle de nos connaissances positives? N'est-il pas plus sage d'attendre que les progrès de la physique expérimentale éclairent un peu mieux la route à suivre?

La théorie cinétique se heurte d'ailleurs à des obstacles sérieux. On n'a pas encore fourni d'interprétation mécanique parfaitement satisfaisante du principe de Carnot, non plus que de l'existence même des phénomènes irréversibles. Il n'est nullement certain que, quelque jour, ces obstacles seront pleinement écartés. Il se peut qu'ils soient insurmontables, que le mouvement et ses lois ne suffisent pas à l'explication du Monde.

Il convient donc de distinguer soigneusement les lois expérimentales d'interprétations qui contiennent toujours une part d'arbitraire. La théorie cinétique pourrait être définitivement abandonnée, sans entraîner dans sa ruine les principes de la thermodynamique, ni une seule des conséquences qu'on est en droit d'en tirer.

La *thermodynamique* et la *théorie mécanique de la chaleur*, confondues par plusieurs de leurs fondateurs, sont donc, aux yeux de la critique moderne, deux doctrines de rang inégal. La première procède directement de l'expérience, dont elle reçoit toute la certitude que celle-ci peut conférer. L'autre est une œuvre de l'imagination et, bien que rigoureuse dans ses raisonnements, elle demeure toute imprégnée de l'arbitraire de ses prémisses hypothétiques. Sans doute, à mesure que ses conclusions s'adaptent à un plus grand nombre de faits et de lois expérimentales, elle devient de plus en plus vraisemblable; mais serait-elle adéquate non seulement à la totalité de l'expérience acquise, mais encore à toute l'expérience possible, il ne serait point encore évident qu'elle en constitue, ni la seule interprétation intelligible, ni même la plus simple de toutes les interprétations.

CHAPITRE XIV

La Chimie.

La chimie des anciens. — Leurs instruments. — Éléments des
alchimistes. — Usage de la balance. — Lois générales de la
chimie. — Atomes et molécules. — Légitimité des théories
et des schémas moléculaires.

En tant que science, la chimie est bien moins
ancienne que la physique, aux progrès de laquelle
nous montrerons que ses progrès décisifs sont intimement liés. Pas plus que la physique ne peut se
développer sans le concours d'une mathématique déjà
avancée, la chimie, qui prétend atteindre la constitution intime des corps, ne saurait se passer de
l'appui d'une science dont l'objet essentiel est l'étude
des conditions générales susceptibles de modifier
l'état de ces corps.

L'agent presque exclusif de la chimie ancienne est
le feu. C'est par le feu qu'ont été réduits les premiers
minerais et isolés les métaux. L'outillage était rudimentaire.

On imagina d'abord le creuset, pour isoler du
combustible la masse en expérience.

L'alambic, dont le nom est arabe, était déjà connu
des Grecs. C'est essentiellement un creuset muni d'un
couvercle qui s'y adapte exactement et d'un prolon-

gement qui conduit hors du foyer les produits volatils, et les préserve de toute action des gaz de la flamme.

La calcination et la distillation firent connaître des corps nouveaux qu'utilisa l'industrie primitive. Au point de vue théorique, ces opérations induisirent les savants à regarder les corps naturels ou les *mixtes*, comme réunissant des éléments plus simples, les uns fixes, les autres volatils.

Aristote réduisait à quatre les éléments primordiaux dont sont formées toutes choses. Les trois premiers, la terre, l'eau et l'air rappelaient la séparation des corps telle que la nature l'a spontanément réalisée et la maintient autour de nous, l'eau ruisselant à la surface du sol pour retourner à l'océan, tandis que les bulles gazeuses qui se dégagent des marais retournent à l'atmosphère. On peut considérer la terre, l'eau et l'air comme symbolisant les trois états solide, liquide et gazeux, personnifiés en quelque sorte, selon la méthode péripatéticienne.

Quant au feu, plus léger que l'air dans lequel il s'élève, il semble sortir des corps en combustion. On l'appellera successivement phlogistique et calorique, jusqu'à ce que la notion de calorique se fonde elle-même dans la notion plus abstraite d'énergie.

Les découvertes des alchimistes les amenèrent à modifier la liste des éléments d'Aristote. On aboutit peu à peu, sur ce point, à une étrange confusion. Dans son traité de chimie, publié en 1695, Lémery s'exprime ainsi :

« Le premier principe qu'on peut admettre pour la composition des mixtes est un esprit universel, qui estant répandu partout, produit diverses choses selon les diverses matrices ou pores de la terre dans laquelle il se trouve embarrassé : mais comme ce principe est un peu métaphysique et qu'il ne tombe point sous les sens, il est bon d'en établir de sensibles : je rapporterai ceux dont on se sert communément. »

Il y a donc, chez les chimistes de cette époque, une croyance vague à quelque sorte de dualisme, analogue, si l'on veut, au dualisme de l'éther et de la matière.

Lémery poursuit :

« Comme les chymistes, en faisant l'analyse de divers mixtes, ont trouvé cinq sortes de substances, ils ont conclu qu'il y avait cinq principes des choses naturelles, l'eau, l'esprit, l'huile, le sel et la terre. »

Cette classification, comme celle d'Aristote, se rapporte aux divers degrés de volatilité.

Voulant préciser davantage, Lémery dénomme encore le mercure, ou esprit des mixtes ; le soufre, ou huile des mixtes, le phlegme des mixtes et la tête morte. Il faut bien entendre que le mercure des mixtes (ou mercure des philosophes) n'est pas le mercure métallique, pas plus que le soufre des mixtes n'est le soufre commun. Le mercure réel est un mixte, plus particulièrement riche en esprit nommé mercure, de même le soufre est riche en huile dénommée soufre.

Ainsi, à mesure qu'on veut les serrer de plus près, les éléments primordiaux se dérobent : ils ne sauraient être isolés. Peut-être pouvons-nous y voir une matérialisation de ce que deviendront plus tard les *fonctions* de nos chimistes. Le mercure des philosophes représenterait à peu de chose près notre fonction métal ; le sel des philosophes réunit partiellement nos fonctions acide, basique et saline.

On trouve, dans la chimie de Lémery, des précisions qui déconcertent, venant d'un savant autorisé, contemporain de Newton.

« Je diray que l'acidité d'une liqueur consiste dans des particules de sel pointües, lesquelles sont en agitation ; et je ne crois pas qu'on me conteste que l'acide n'ait des pointes, puisque toutes les expériences le montrent. Il ne faut que goûter pour entrer dans ce sentiment ; car il fait des picottements sur la langue semblables ou fort approchans de ceux qu'on recevroit de quelque matière taillée en pointes très fines ; mais une preuve démonstrative et convaincante que l'acide est composé de parties pointües, c'est que non seulement tous les sels acides se cristalysent en pointes, mais toutes les dissolutions de matières différentes faites par des liqueurs acides prennent cette figure dans leur crystallisation. Ces crystaux sont composés de pointes différentes en longueur et en grosseur les unes des autres, et il faut attribuer cette diversité aux pointes plus ou moins aigües des différentes sortes d'acides, etc. ».

« Pour ce qui est des alkali... on peut raisonnablement conjecturer que l'alkali est une matière com-

posée de parties roides et cassantes, dont les pores
sont figurez de façon que les pointes acides y étant
entrées, elles brisent et écartent tout ce qui s'oppose
à leur mouvement, et selon que les parties qui composent cette matière sont plus ou moins solides, les
acides trouvant plus ou moins de résistance, ils font
une plus petite ou une plus forte effervescence... Il
y a autant de différents alkali, comme il y a de ces
matières qui ont des pores différents, et c'est la raison pourquoy un acide fera fermenter une matière et
il n'en pourra pas faire fermenter une autre ; car il
faut qu'il y ait de la proportion entre les pointes
acides et les pores de l'alkali. »

Ce n'est pas Lémery qui mettrait en doute la possibilité d'une interprétation mécanique complète de
l'Univers.

Au surplus, son livre ne fournit guère qu'une série
de recettes pour diverses préparations et remèdes.

Le premier essai d'une véritable théorie chimique
est la théorie du phlogistique, dont le nom ne nous
rappelle plus aujourd'hui qu'une erreur scientifique,
mais qui, rattachant intimement les phénomènes
d'oxydation et de désoxydation, prépara utilement la
voie aux recherches de Lavoisier.

La fin du XVIIIe et le commencement du XIXe siècle
sont marqués par l'introduction systématique de la
balance dans toutes les recherches chimiques et par la
découverte corrélative des lois pondérales qui sont à
la base de notre chimie atomique. On peut même dire

qu'à cette époque le sceptre de la science expérimentale passe momentanément des physiciens aux chimistes. N'est-ce pas à Gay-Lussac, à Berthollet que la physique des gaz doit quelques-uns de ses développements les plus importants?

La loi de la conservation de la masse dans les réactions chimiques, les lois des proportions définies et des proportions multiples, découvertes grâce à l'emploi systématique de la balance, paraissaient en opposition avec des faits d'observation vulgaire. Elles ruinaient les doctrines péripatéticiennes, admises jusque-là sans conteste par les chimistes. On n'avait jamais distingué entre une combinaison et un mélange. Toute propriété paraissant susceptible de plus ou de moins, on admettait que la composition d'un corps peut varier d'une manière continue : l'eau est plus ou moins salée, l'air plus ou moins vicié, etc.

Par un effet de réaction, fréquent dans l'histoire des sciences, une fois closes les discussions passionnées que souleva la loi des proportions définies, la chimie apparut, par opposition à la physique, la science des faits discontinus. L'étude des solutions, celle des équilibres chimiques furent, pour ainsi dire, systématiquement délaissées.

Lorsque, après soixante ans et plus, la découverte de la dissociation et des réactions réversibles remit en honneur l'étude chimique des phénomènes continus, cela parut une révolution telle qu'on se crut forcé de créer un nom nouveau pour un ensemble de doctrines nouvelles. C'est ainsi qu'est née la *chimie physique*.

C'est l'usage de la balance qui a permis de distinguer sûrement nos corps simples actuels de leurs combinaisons et de leurs mélanges. Grâce à l'application répétée de la loi des proportions définies et des proportions multiples, on a établi que toutes les combinaisons sont susceptibles d'être exprimées en attribuant à chacun des corps simples un coefficient pondéral, déterminé à un facteur constant près, qui demeure arbitraire. On forme ainsi des tableaux de nombres nommés tantôt poids équivalents, tantôt poids atomiques. Ce dernier nom, lié à la conception atomique de la matière, finit par triompher, après des débats singulièrement âpres et passionnés.

La théorie atomique fournit aux chimistes une représentation merveilleusement commode. Le coefficient pondéral propre à un corps simple est proportionnel au poids de son atome. Une molécule est formée par la réunion de plusieurs atomes, de même espèce ou d'espèce différente. Elle est l'édifice chimique primordial, dont les dimensions très petites, mais finies, sont très inférieures aux plus petits volumes que nos moyens mécaniques nous permettent d'isoler, ou que notre vue, aidée des meilleurs microscopes, parvient à distinguer.

Les réactions chimiques peuvent correspondre soit à la réunion de molécules diverses en molécules plus complexes, soit à l'échange d'atomes entre des molécules dont le type se maintient, en quelque sorte, invariable, malgré la substitution opérée.

Ainsi, on considère les molécules de l'hydrogène et du chlore comme formées chacune de deux atomes. La formation de l'acide chlorhydrique résulte d'un échange, d'après la formule

$$(Cl, Cl) + (H,H) = 2\,(H,Cl).$$

Mais cette égalité, dans laquelle H et Cl représentent des poids déterminés d'hydrogène et de chlore, n'exprime qu'une face de la réaction chimique, à savoir la conservation de la masse. La transformation qu'elle rappelle dégage une grande quantité de chaleur. Dans l'hypothèse de la matérialité du calorique, dont nous représenterons un atome par Cal, il faudrait écrire

$$(Cl,Cl + xCal) + (H,H + yCal) = 2\,(H,Cl + zCal)$$
$$+ (x + y - 2z)\,Cal.$$

Rien ne s'oppose à ce que l'on conserve la notation précédente, à titre purement symbolique. Cal représenterait alors une quantité d'énergie.

D'ailleurs, tout n'est-il pas symbolique dans les notations chimiques ? Au fond, qu'est-ce qui peut nous autoriser à dire que le chlore et l'hydrogène subsistent dans l'acide chlorhydrique ? Je sais bien que, de fait, on peut, avec de l'acide chlorhydrique, régénérer du chlore et de l'hydrogène, mais seulement en restituant de l'énergie. Puisque les propriétés de l'acide chlorhydrique diffèrent totalement de

celles de l'hydrogène ou du chlore séparés ou mêlés
ensemble, j'ai le droit de considérer cet acide comme
une matière homogène, au même titre que ses deux
constituants. La convention atomique est commode.
Elle n'est nullement indispensable.

Mais, cette concession faite à la pure logique de
M. Duhem, je me hâte de dire combien, pour ma
part, je regretterais la théorie atomique, malgré ce
qu'elle comporte d'arbitraire. Elle possède une vertu
représentative éminente, à laquelle elle doit sa fécondité dans le passé. Les images grossières que nous
nous donnons des phénomènes naturels ne deviennent dangereuses que par la foi trop naïve que
quelques personnes peuvent avoir dans leur réalité
objective.

Peu de savants admettront sans doute que les
schémas actuels de la chimie organique, avec leurs
arrangements linéaires, polygonaux ou tétraédriques,
leurs liaisons simples, doubles ou triples, représentent autre chose qu'un ensemble de réactions pré-
vues, de modes possibles d'analyse ou de synthèse,
d'additions ou de substitutions considérées comme
possibles.

Ces schémas contiennent d'autant plus de vérité
qu'ils réunissent, avec un minimum d'écriture, un
plus grand nombre de prévisions condensées. Il en
est de même des noms plus ou moins rébarbatifs
employés pour transcrire ces schémas dans la langue
parlée, c'est-à-dire de la nomenclature chimique.

CHAPITRE XV

La chimie physique.

Introduction progressive des instruments et des méthodes physiques en chimie. — Le calorimètre : la thermochimie. — Le spectroscope : analyse spectrale. — Le thermomètre et le manomètre : dissociation, équilibres chimiques. — Application de la thermodynamique. — La règle des phases. — La loi de Guldberg et Waage : ses applications à la physique. — L'ultra-microscope : les colloïdes. — Fusion progressive de la chimie et de la physique.

Quand, grâce surtout aux efforts de Lavoisier, la balance s'est intronisée dans les laboratoires de chimie, elle ne tarde pas à y prendre la place d'honneur. La salle des balances devient, en quelque sorte, un sanctuaire où le chimiste ne tolère pas qu'on vienne le troubler. Il pèse sans cesse et réclame, pour la sûreté de ses analyses, des instruments de plus en plus délicats et précis.

Peu à peu, la balance entraîne à sa suite tout le cortège des instruments et des méthodes de la physique. Les deux sciences étaient séparées par une barrière. Une brèche a été ouverte, elle s'élargira indéfiniment.

Déjà Laplace et Lavoisier disposaient un calorimètre de glace et Lavoisier s'en servait pour mesurer des chaleurs de combustion. Mais l'emploi du calorimètre n'est devenu courant, parmi les chimistes, qu'après l'introduction des principes de la thermodynamique. L'attention s'est alors portée sur la chaleur dégagée dans les actions chimiques, et cette mesure énergétique a remplacé l'étude ancienne, mais toujours vague et purement qualitative, des affinités. Pour ces recherches nouvelles, on a inventé le nom nouveau de *thermochimie*. Les règles, d'abord un peu incorrectes, qu'elle mettait en œuvre, ont été rectifiées par l'application rationnelle des principes de la thermodynamique. Le rôle prépondérant joué dans les actions chimiques par la variation de l'entropie, a été pleinement mis en lumière.

C'est à deux chimistes, Bunsen et Berthelot, que la technique calorimétrique moderne doit ses principaux progrès : la transformation du calorimètre de glace en un appareil volumétrique; la suppression, à peu près complète, des corrections toujours si délicates et incertaines, que comportait l'emploi du calorimètre à eau de Regnault; enfin l'invention de la bombe calorimétrique, spécialement appropriée à la mesure des chaleurs de combustion et à l'étude des explosifs.

Le spectroscope a été introduit dans les laboratoires par Kirchhoff et Bunsen, avec l'analyse spectrale. Désormais, la découverte d'un nouveau corps simple ne sera plus considéré comme définitive si l'on n'a fait son étude spectroscopique. Le spectroscope est le guide le plus précieux pour la recherche des métaux ou des gaz nouveaux, leur séparation et leur purification rationnelle.

Dans un cadre plus restreint, le polarimètre est aussi un instrument d'analyse et de recherche applicable à tous les corps doués du pouvoir rotatoire. Du laboratoire de chimie, le polarimètre est passé dans les sucreries, les fabriques de parfums, etc.

Le thermomètre et le manomètre, employés par les physiciens à l'étude des relations d'état, ont été les instruments de découverte et d'étude des phénomènes de dissociation et des équilibres chimiques. Un chimiste de génie, Henri Sainte-Claire Deville, a le premier signalé l'analogie étroite de certains phénomènes de décomposition et de recombinaison avec les phénomènes physiques de la vaporisation et de la condensation. Tout le monde connait l'exemple classique de la dissociation du carbonate de chaux, étudiée par Debray. Cette réaction est limitée, à chaque température, par une certaine valeur de la pression exercée par l'anhydride carbonique, comme la vaporisation de l'eau est limitée par une valeur déterminée de la pression de la vapeur d'eau ; et de même que la vapeur d'eau se condense aussitôt que sa pression dépasse la pression maximum, l'anhydride carbonique libre commence à être absorbé aussitôt que sa pression est supérieure à la pression de dissociation. L'équilibre entre l'acide carbonique libre et la chaux, l'équilibre entre la vapeur d'eau et l'eau liquide sont donc régis par la même loi. La seule différence est que, dans le premier cas, l'élément gazeux n'est pas chimiquement identique à l'élément non gazeux avec lequel il est en équilibre.

Un cas intermédiaire à la dissociation et à la vaporisation est celui de la transformation allotropique d'une substance, solide ou liquide, en une vapeur qui en diffère par son degré de condensation, c'est-à-dire, par le nombre des atomes de même nature réunis dans la molécule.

La chaleur de dissociation ou de transformation allotropique se calcule *à priori*, comme la chaleur latente de vaporisation, par l'application des principes de la thermodynamique; elle s'exprime en fonction de la température, des volumes spécifiques et des pressions de dissociation ou de transformation.

Les lois des équilibres chimiques réversibles ont été récemment généralisées grâce à la célèbre règle des phases, énoncée par Gibbs. On nomme phase tout état homogène de la matière. Les trois états solide, liquide et gazeux représentent, pour un même corps, trois phases distinctes. Une dissolution d'un corps solide dans un liquide constitue une phase particulière, distincte du solide et du liquide.

Si un liquide se trouve en présence de sa vapeur, un équilibre réversible s'établit entre ces deux phases. Il peut aussi s'établir un équilibre entre trois phases, la glace, l'eau et la vapeur d'eau. Plus généralement p

phases peuvent se mettre en équilibre, à la condition d'avoir des éléments chimiques échangeables. Ainsi le carbonate de chaux et la chaux solides peuvent se trouver en équilibre avec de l'anhydride carbonique gazeux; une dissolution de sucre peut se trouver en équilibre à la fois avec du sucre solide (si elle est saturée) et avec la vapeur d'eau dégagée de la solution. Il y aura, je suppose, n constituants distincts des p phases.

La température et la pression sont deux variables indépendantes qui interviennent dans tous les équilibres chimiques. $n-1$ autres variables indépendantes sont les rapports dans lesquels les n constituants sont réunis pour former celle des phases en présence que l'on considère. L'équilibre de cette phase, considérée isolément, dépend donc de $2+(n-1)$ ou de $n+1$ variables indépendantes. Or, pour que cette phase soit en équilibre avec chacune des $p-1$ autres phases, il y a tout autant de conditions à remplir, c'est-à-dire qu'il y aura $p-1$ équations de condition entre les $n+1$ variables. Le système doit donc être considéré comme déterminé si l'on se donne les valeurs de $(n+1)-(p-1)$ ou de $n-p+2$ variables. On dit que le degré de variance du système est $n-p+2$. C'est la règle des phases.

Ainsi dans le cas d'un liquide et de sa vapeur, il n'y a qu'un constituant pour deux phases. Le degré de variance est un. Une seule variable peut être fixée arbitrairement : ce sera, si l'on veut, la température.

La pression d'équilibre est la pression maximum correspondant à cette température.

Quand on met en présence de la glace, de l'eau et de la vapeur d'eau (un constituant, trois phases), le degré de variance est zéro. Il n'y a qu'un seul équilibre possible. La température et la pression correspondantes sont déterminées l'une et l'autre sans ambiguïté.

Par l'application de la règle des phases on arrive à formuler des prévisions que l'expérience vérifie, pourvu que les prémisses soient justes, c'est-à-dire pourvu que chacune des phases en présence soit susceptible d'entrer en équilibre, d'une manière réversible, avec l'une quelconque des autres, et cela, l'expérience seule peut le révéler.

Il ne suffit évidemment pas de savoir quel est le degré de variance d'un système réversible pour connaître complètement ce système. Il faut savoir écrire les équations de condition.

Dès le commencement du XIXe siècle les chimistes s'étaient aperçus que certaines affinités paraissaient varier avec la masse des éléments en présence. On doit à Guldberg et Waage l'énoncé d'une loi, relative à l'équilibre, en tant qu'il dépend de ces masses. Guldberg et Waage admettent : 1° que la tendance de deux éléments à entrer en combinaison est proportionnelle au nombre de molécules de chaque espèce qui se trouvent libres, et par conséquent au produit de ces nombres de molécules, 2° que la tendance du composé formé à se dissocier en ses éléments est proportionnelle au nombre de molécules du composé existantes. La loi déduite de cette double hypothèse, la plus simple que l'on puisse imaginer, a été confirmée par l'expérience dans un nombre de cas assez grand pour qu'on soit porté à la considérer comme générale.

La loi de Guldberg et Waage a permis d'interpréter simplement des faits tels que la variation anormale de la densité de certaines vapeurs, par exemple, celle de l'oxyde AzO^2. Ce corps, rougeâtre à la température ordinaire, se décolore peu à peu quand on le refroidit. On disait autrefois que le liquide AzO^2 est naturellement incolore, mais *qu'il dissout sa propre vapeur* qui est rouge. Cet énoncé bizarre qu'il faudrait au moins compléter en admettant que la vapeur peut maintenir à l'état gazeux des molécules du liquide, signifiait au fond qu'on devait considérer l'oxyde azotique comme formé de deux sortes de molécules, de condensation différente. On peut, en effet, donner une explication complète de la variation de sa densité de vapeur en admettant que la phase vapeur est un mélange de molécules $Az\,O^2$ et de molécules $(AzO^2)^2$, le gaz $(AzO^2)^2$ ayant une densité double de celle de AzO^2 et tous deux se comportant comme des gaz parfaits.

Une loi aussi simple et aussi élégante que la loi de Guldberg et Waage ne pouvait demeurer confinée dans le domaine de la chimie. Elle a été transportée en physique avec un plein succès. L'équilibre des ions électrolytiques, dont l'union forme une molécule neutre d'électrolyte, l'équilibre des ions gazeux, dont la réunion donne naissance à une molécule de gaz neutre ont été l'objet d'applications très intéressantes de cette loi. Nous ne nous attarderons pas à les rapporter.

L'électrolyse est l'un des champs communs où le chimiste et le physicien se rencontrent. Les chimistes ont été conduits à employer l'électrolyse comme un procédé de séparation des métaux et d'analyse quantitative. Ils utilisent aussi les réactions qui se produisent aux électrodes en les modifiant chimiquement ainsi que le liquide qui les baigne. Citerai-je la fabrication électrolytique de la soude, celle des chlorates, etc. ? Piles, accumulateurs, galvanomètres, boîtes de résistance ont ainsi émigré des laboratoires de physique, vers ceux de chimie. Les mesures électriques deviendront bientôt aussi familières aux chimistes que le sont, dès aujourd'hui, les mesures de densité, par exemple.

La cryoscopie et l'ébullioscopie, si fréquemment utilisées pour la détermination des poids moléculaires sont l'application de lois physiques, en relation étroite avec la pression osmotique. L'étude des pouvoirs réfringents moléculaires, poursuivie dans le même but, a pris depuis quelques années des développements imprévus et a fait, des réfractomètres, des appareils de chimie.

Graham a montré, vers le milieu du siècle dernier, la différence profonde qu'il y a, au point de vue de la diffusibilité, entre les corps susceptibles de cristalliser ou cristalloïdes et les substances amorphes plus ou moins glutineuses, telles que les matières albuminoïdes, qu'il a désignées sous le nom générique de colloïdes. Les colloïdes jouent un rôle prépondérant dans tous les organismes doués de vie. Ils sont susceptibles de se coaguler dans diverses circonstances, particulièrement sous l'influence d'électrolytes, et on est arrivé récemment à les considérer comme non homogènes, c'est-à-dire comme constitués normalement par des granules très petits en suspension dans un liquide qui les baigne, et en équilibre chimique avec lui. Sur ces entrefaites, les physiciens ont trouvé le moyen de rendre visibles, par diffusion, des particules solides très ténues en suspension dans un liquide, alors que les dimensions de ces particules sont trop petites pour que les meilleurs microscopes permettent de les voir directement. Un *ultramicroscope* ne diffère d'un microscope ordinaire que par le mode d'éclairage. Une lumière intense est projetée sur le liquide étudié, transversalement au champ de vision, de sorte que tous les rayons lumineux non arrêtés par des particules solides, subissent la réflexion totale. A la faveur du puissant éclairage qu'elles reçoivent, les particules apparaissent alors, au microscope, comme des points brillants sur un fond entièrement obscur. C'est ainsi

27.

que des astres, invisibles à l'œil nu et trop faibles pour acquérir un diamètre apparent sensible avec les plus forts grossissements des lunettes astronomiques, deviennent cependant visibles comme des points lumineux, sur le fond entièrement noir du ciel, grâce à la grande accumulation de rayons réguliers produite par l'objectif de la lunette, tandis que la lumière diffuse est éliminée.

Des laboratoires de physique, l'ultramicroscope est aussitôt passé dans les laboratoires de chimie. Ce sera un auxiliaire précieux pour l'avancement de notre connaissance des colloïdes, encore si imparfaite.

En résumé, les territoires jadis limitrophes de la chimie et de la physique tendent maintenant à se confondre. Les physiciens de notre génération souffrent de l'insuffisance de leur éducation chimique. Les chimistes se plaignent d'être insuffisamment armés en physique. Les uns et les autres acquièrent une conscience très nette de l'unité vers laquelle tendent leurs efforts. Les problèmes qui les préoccupent sont les mêmes. Seul, l'angle sous lequel ils les envisagent est différent.

CHAPITRE XVI

Les Origines de la Vie.

Ancienne distinction des trois règnes. — Quels sont les caractères propres de la vie ? — Les origines de la vie. — Querelle de la génération spontanée. — Comment la vie a-t-elle apparu sur la terre ? — La variabilité des espèces. — Renseignements fournis par l'embryologie ; par la géologie.

Parmi les sciences dites naturelles, celles qui ont trait à la matière non vivante : minéralogie, géologie, géographie physique, apparaissent de plus en plus comme des prolongements de la science physico-chimique, qu'elles appliquent aux espèces ou aux formations naturelles. Elles ne nous offriraient rien d'essentiellement nouveau.

Il n'en est pas de même des sciences qui ont pour objet les êtres vivants. Et d'abord qu'est-ce que la vie ? À quels caractères reconnaît-on les êtres vivants ?

Dans l'heureuse témérité d'une science encore naïve, nos aïeux établissaient entre *les trois règnes de la nature* des limites bien tranchées. Mais s'il est aisé de distinguer un morceau de quartz, d'un cerisier ou d'une chèvre, il l'est moins de formuler des caractères précis auxquels on puisse accorder une valeur absolue quand les êtres vivants que l'on considère se trouvent aux degrés les plus bas de l'échelle.

Toute propriété complexe est susceptible de dédoublements, de dégénérescences. Nous en avons vu des exemples même en mathématiques (nombres incommensurables, espaces à moins ou plus de trois dimensions, etc.). Il est toujours des cas où une même propriété se retrouve simplifiée, réduite, décomposée en plusieurs propriétés élémentaires qu'on n'avait pas songé d'abord à considérer séparément.

On s'entend certainement quand on dit d'un corps qu'il est vivant. Mais la vie se manifeste par des caractères complexes. Il semble bien difficile d'en donner, en peu de mots, une définition satisfaisante.

Le mouvement, la contractilité, la nutrition, la reproduction et plus généralement l'évolution présentent aux divers degrés de la vie végétale ou animale un ensemble de caractères très divers. Réduite à sa forme la plus rudimentaire, aucune de ces propriétés, prise isolément, ne semble caractéristique de la vie. On les retrouve toutes, à leur degré, en quelque sorte primitif, dans la matière non vivante.

L'évolution, au sens le plus large du mot, se dit d'une série de propriétés qui changent avec le temps. Or, si un fragment de quartz se conserve identique à lui-même pendant les plus longues durées que nous pouvons suivre expérimentalement, bien des corps inanimés évoluent. Le pain durcit; le vin vieillit. Mais, dira-t-on, ce sont des mélanges de corps dont quelques-uns dérivent d'êtres jadis vivants. Soit. L'évolution se poursuit donc là où la vie n'est plus. Au reste, tous les colloïdes évoluent et, parmi eux, il en est d'origine purement minérale. Le soufre mou ne constitue pas une forme de la matière stable à la température ordinaire. Il évolue. Les substances radio-actives (métaux radio-actifs et émanations) évoluent. Elles ont une *vie moyenne* propre qui se compte par siècles ou par minutes, suivant les espèces, comme la vie des végétaux ou des animaux.

Parlerons-nous de la nutrition? On peut la réduire à ce fait simple qu'un germe placé dans un milieu approprié s'en assimile certains éléments. Un cristal baigné par une solution convenable, saturée ou sursaturée, croit aux dépens d'éléments empruntés au liquide en provoquant un changement d'état, sinon une réaction chimique proprement dite. Mais n'avons-nous pas établi là continuité des phénomènes physico-chimiques? Et quand un cristal de sel marin croît dans de l'eau salée contenant aussi en dissolution d'autres matières, n'opère-t-il pas à la fois une sélection et une assimilation?

Au reste, en ce cas, la forme cristalline paraît jouer, par rapport à la nature chimique des molécules, un rôle prépondérant. Un même noyau d'alun ordinaire placé dans des dissolutions complexes d'autres aluns peut donner naissance à une infinité de cristaux hybrides.

De même un électron positif ou négatif, placé dans une atmosphère sursaturée de vapeur d'eau, s'empare de l'un des éléments du milieu et devient le centre d'une goutte d'eau.

Les cristaux foisonnent autour d'un germe cristallin unique projeté dans une solution sursaturée. Chaque germe donne naissance à une colonie, et ceci rappelle la parthénogenèse.

Ne sont-ce pas là comme des dégénérescences éloignées de phénomènes vitaux?

Les animaux se distinguent des végétaux en ce qu'ils se meuvent. Mais la cellule mâle émise par la plupart des cryptogames se meut aussi, pendant un temps, et pourrait alors être confondue avec un infusoire. L'examen microscopique des liquides contenant des poussières en suspension, l'étude ultra-microscopique des colloïdes nous montrent des particules animées de mouvements rapides et irréguliers (mouvement brownien) qui simulent les déplacements capricieux d'êtres vivants, les mouvements confus d'un essaim d'insectes ailés. On sait que la théorie cinétique transporte ces mouvements aux molécules même, et que le mouvement brownien semble résulter de ces mouvements moléculaires, comme le tangage et le roulis d'un bateau de l'action combinée des vagues.

La contractilité appartient aux surfaces liquides, à une goutte d'huile ou de mercure. La sensibilité ne se manifeste *au dehors* que par une réaction, une

réponse de la matière vivante aux excitations venant
de l'extérieur. Or, cette réponse est une propriété
générale des corps inanimés. Un solide répond
par une réaction élastique à tout essai de déformation : un gaz, à une compression seulement.
L'induction électromagnétique est une réponse des
circuits conducteurs aux variations du champ magnétique.

· On peut même, à quelque degré, imiter la différentiation, les fonctions, la centralisation d'un être
vivant complexe. Sans parler des automates purement mécaniques, une distribution électrique à
l'intérieur d'une ville, n'est-ce pas une sorte de
système nerveux? Le couplage d'une turbine et
d'une dynamo remplace le cerveau; les fils conducteurs sont les nerfs; les lampes, les moteurs électriques terminaux, sont les organes. Toute modification à la périphérie, nombre ou résistance des
lampes, retentit au centre, et toute modification
centrale, à la périphérie.

Comme un animal, toute machine en activité a
des fonctions. Une automobile lâchée sur une
route, en l'absence du chauffeur, se meut et res-
pire en brûlant du pétrole. Le globe terrestre a
son système circulatoire réglé par le régime des
eaux et des vents, etc.

Il serait oiseux de pousser plus loin ces compa-
raisons, car nous aboutirions, en définitive, à cet
aveu, qu'il n'y a pas lieu de différer : à savoir que

la vie est encore, à l'heure actuelle, quelque chose d'infiniment obscur pour nous.

Il arrive aujourd'hui pour la cellule végétale ou animale ce qui s'est produit hier pour l'atome insécable des chimistes. A mesure que nos procédés d'observation de plus en plus perfectionnés, nous révèlent des détails de plus en plus petits, ce qui paraissait amorphe s'organise, les mécanismes grossiers qui nous sont apparus les premiers se résolvent en mécanismes infiniment plus délicats. Peut-être sommes-nous encore très loin du terme que notre analyse permettra d'atteindre. Peut-être aussi ce terme demeurera-t-il fort éloigné des éléments vraiment primordiaux de la matière ou de la vie.

Non seulement nous ne savons construire de toutes pièces une cellule (non plus qu'un atome, d'ailleurs). Nos procédés, même de synthèse organique, dont on a mené, à bon droit, si grand bruit, ne nous renseignent en rien sur les procédés mis en œuvre dans les organismes vivants. A l'origine des synthèses réalisées par Berthelot, il faut faire intervenir l'arc électrique, ou des températures très hautes pour provoquer les combinaisons primordiales du carbone avec l'hydrogène ou avec l'azote, à partir desquelles on s'élèvera progressivement à des combinaisons plus complexes. Au sein des organismes vivants, jamais la température ne s'élève même à 45°.

La croyance générale dans l'antiquité et jusque

dans les temps modernes a été favorable à une hypothèse de la génération spontanée des êtres inférieurs. D'après Virgile, un essaim d'abeilles peut naître normalement des entrailles d'une victime. En 1681, Ettmüller, célèbre médecin de l'Université de Leipzig, n'écrit-il pas : « On trouve quelquefois, dans les tumeurs et dans les abcès qui en dépendent, des pierres, des vers, des poux, quantité de petits œufs, des cheveux et d'autres choses semblables qui y ont été engendrées. Comme ce sont jeux de la nature qui arrivent rarement, ils ne peuvent déroger à ce qui est ordinaire, non plus que les matières étrangères que les enchanteurs peuvent introduire dans le corps. »

Vers la fin du xviie siècle, Redi prouve que, contrairement à l'opinion générale, la viande, préservée du contact des mouches par une simple gaze, se pourrit sans que des vers s'y développent. A mesure que l'on expérimente avec plus de soin, les partisans de la génération spontanée deviennent plus rares et le débat se restreint à des êtres plus infimes. Et pourtant, au milieu même du xixe siècle, des savants très estimables ont cru établir que des animaux du groupe des infusoires apparaissent d'eux-mêmes, c'est-à-dire sans l'intervention de germes vivants, dans une simple infusion de foin.

Au cours des violentes querelles qui naquirent à cette occasion, il se trouva, de fortune, parmi ceux dont les expériences de Pouchet troublaient les convictions, un savant de premier ordre, Pasteur. Il traita ce problème de biologie comme s'il se fût agi de chimie pure. Par des expériences qui sont des merveilles de précision, sans parti pris, sinon sans un peu de passion dans la forme, Pasteur réduisit successivement à néant toutes les expériences de ses contradicteurs. A la condition d'opérer à l'abri des poussières apportées par l'air, par les liquides ou par les parois des vases, en ayant soin d'élever la température assez haut pour détruire les germes préexistants, s'il y en a, Pasteur a montré qu'aucun être vivant ne se développe; tandis qu'il s'en produit en général si, dans les vases et les liquides ainsi stérilisés, on laisse rentrer de l'air non filtré, ou si y on répand les poussières arrêtées par les filtres.

Ainsi, il a été impossible de démontrer scientifiquement que des êtres vivants, pour si bas qu'ils soient placés dans l'échelle des organismes, puissent naître sans l'intervention de germes. Au contraire, si, dans un bouillon antérieurement stérilisé, mais contenant les aliments qu'ils réclament, on sème des germes de moisissures ou d'infusoires déterminés, on voit apparaitre des colonies d'êtres *de même espèce.* Là-dessus, le génie de Pasteur a édifié toute une science nouvelle, la microbiologie, dont les applications ont retenti si loin et si profondément, dans l'industrie, la chirurgie et la médecine, voire dans le domaine propre de la chimie.

Mais est-on en droit de conclure que jamais, dans aucune condition, si différente soit-elle, de celles que nous savons produire, la vie ne peut apparaître aux dépens de la matière minérale, sans le germe préexistant d'êtres de même espèce? Évidemment non. Une telle affirmation n'est qu'un postulat, ou, plutôt, un principe expérimental analogue aux principes de la mécanique ou de la thermodynamique, et par conséquent sujet à revision, s'il se montre quelque jour incompatible avec des faits dont nous n'avons actuellement nulle idée.

Si on admet ce postulat, comment la vie a-t-elle pu apparaître sur notre globe, que les études géologiques nous font envisager comme primitivement fluide et incandescent? On est réduit à admettre que les premiers germes de vie ont été apportés d'ailleurs à une époque où la température superficielle de la croûte terrestre était déjà suffisamment basse pour favoriser leur développement. Une telle hypothèse n'a rien d'absurde; on sait que, refroidis dans l'air liquide, certains microbes conservent une vitalité latente susceptible de se réveiller quand on les ramène à la température favorable à leur évolution. De tels microbes ou leurs germes se conserveraient donc aux très basses températures des espaces stellaires et pourraient nous venir de fort loin s'ils trouvaient le véhicule nécessaire, un bolide par exemple. Mais la difficulté relative aux origines de la vie n'est ainsi que reculée. Il faut donc ou bien admettre qu'il y a toujours eu des êtres vivants, ou renoncer à notre postulat. Remarquons d'ailleurs que nous ne sommes pas plus avancés relativement aux origines de la matière non vivante.

Faut-il recourir à une création, en entendant par là une intervention d'un être supérieur à la nature, agissant *contrairement* à ses lois? C'est une explication extra-scientifique. Par sa définition, la science s'interdit de faire appel à autre chose qu'à des lois naturelles. Si elle explique un jour ce qu'elle est impuissante à expliquer aujourd'hui, ce sera à la faveur de nouvelles lois.

Il ne suffit pas d'ailleurs que le premier microbe ait apparu sur la terre.

Comment a-t-il pu engendrer toutes les variétés, si prodigieusement multiples, d'animaux et de plantes que l'on rencontre à la surface du globe ou au sein des mers, en y ajoutant tous les êtres, à jamais disparus, qui ont laissé leurs traces dans les couches sédimentaires de l'écorce terrestre?

Jusqu'au XIXe siècle, on a généralement considéré l'espèce, végétale ou animale, comme immuable dans ses caractères essentiels. Les espèces seraient comme autant de solutions discontinues du problème de la vie, avec une marge de variations toujours fort étroite. Tous les êtres réunis dans une espèce réalisent plus ou moins parfaitement un même type dont ils s'écartent à peu près comme les mesures d'une grandeur donnée s'écartent de leur moyenne, les êtres aberrants étant aussi rares que le sont les très mauvaises mesures. On peut considérer toute l'espèce comme descendant des mêmes parents.

La doctrine transformiste, qui remonte à Lamarck, s'est surtout répandue, à partir du milieu du siècle dernier, sous la forme particulière que lui a donnée Darwin. Ce savant a attaché son nom à une doctrine relative à la variabilité des espèces, à leur évolution. Elle fait intervenir : 1° une sélection que, d'après lui, les éleveurs emploient de temps immémorial pour la création ou surtout pour la conservation de races d'animaux domestiques; mais qui, s'opérant naturellement, en dehors de l'action de l'homme, aurait agi pendant de longs siècles pour différencier les êtres; 2° l'action du milieu, auquel les êtres doivent constamment être adaptés pour vivre, et dont ils doivent, sous peine de mort, suivre les modifications par des modifications correspondantes de leur organisme. On constate expérimentalement des modifications de ce genre, mais dans des limites relativement étroites. Darwin admet qu'elles sont susceptibles de s'accumuler pendant des siècles et des siècles, de façon à faire franchir aux êtres non seulement les limites de nos espèces actuelles, mais celles même des classes et des embranchements.

Nous sommes, il est vrai, dans le domaine de l'hypothèse. Mais la science ne progresse que par cette voie. Quelles observations, quels arguments nouveaux la science contemporaine a-t-elle apportés en faveur du transformisme?

Des savants, parmi lesquels il convient de signaler M. Bonnier, ont récemment entrepris l'étude systématique des modifications que l'habitat, des influences extérieures telles que la variation, entre certaines limites, de la composition du milieu ambiant, de sa température, de son état électrique, l'action prolongée de la lumière ou de l'obscurité, etc., font subir à l'animal ou au végétal qui s'y trouve soumis. Appliquées aux microbes, ces études ont abouti à l'atténuation rationnelle de leur toxicité, d'où résulte la possibilité de diverses sortes de vaccinations ou d'immunisation.

Appliquées aux végétaux, elles sont poursuivies notamment à l'aide des jardins botaniques alpins. On peut voir, par exemple, au sommet du Pic du Midi de Bigorre, une prairie de saules qu'un promeneur non prévenu prendra pour un tapis de mousse; des choux en plein développement qu'on croirait originaires de Lilliput, et des pommes de terre dont la partie souterraine atteint la grosseur d'une petite noix, alors que le pampre, exposé à l'air, se réduit à presque rien. On étudie sur ces végétaux de serre glacée des modifications intimes des téguments, généralement épaissis, très résistants, la plante s'armant de son mieux pour s'adapter au milieu défavorable qu'on lui impose. Tout cela est plein d'intérêt. Mais les limites de variabilité atteintes jusqu'ici sont relativement étroites : l'effet sur l'hérédité est encore mal connu.

On peut aussi, en blessant rationnellement les germes, obtenir des déviations, des monstruosités, parfois transmissibles.

On observe enfin que, dans les cultures très étendues de graines, issues originairement d'un même individu, certaines plantes se développent avec des caractères exceptionnels, transmissibles indéfiniment à leur descendance. C'est là, à proprement parler, l'apparition brusque d'espèces nouvelles, de sous-espèces, si l'on veut, car, en général, elles sont assez voisines de la plante mère. Jordan a ainsi obtenu plus de deux cents espèces, aux dépens de la seule espèce *Draba verna* de Linné. On a vu de même apparaître brusquement des espèces nouvelles d'onagre et de céréales cultivables. Toutefois, on n'a pas observé jusqu'ici d'accumulation dans ces *mutations* d'espèce, de façon à passer d'une plante à une autre très différente. On ne fait pas un rosier d'une primevère ou un chêne d'une mousse.

Adressons-nous maintenant aux analogies.

Bien antérieurement à Darwin, les naturalistes avaient reconnu ce que l'on a appelé une unité de plan, à savoir certaines analogies étroites qui se manifestent dans tout un embranchement comme celui des vertébrés, et même d'un embranchement à un autre. Plus récemment, l'embryologie a révélé des relations encore plus profondes. En étudiant l'évolution initiale de l'œuf et du fœtus d'un animal supérieur, on a reconnu qu'aux toutes premières phases de son développement, il se rapproche d'êtres inférieurs en complication, en différentiation d'organes. On pourrait presque dire que d'abord très semblables, divers embryons passent par toute une série d'états analogues sinon identiques qu'ils franchissent rapidement pour s'arrêter chacun au type auquel appartiennent ses parents.

Le milieu nourricier qui baigne les organes et dans lequel ils se développent, le sang, présente, par la constitution de son sérum, des propriétés analogues chez tous les animaux et une certaine parenté avec l'eau de mer. Un chien que l'on saigne d'une manière répétée, de façon à lui retirer, en un laps de temps suffisant, plusieurs fois le poids total de sang qu'il possédait à un moment donné, peut survivre, si à chaque fois le sang enlevé a été remplacé par de l'eau de mer à un degré de dilution convenable. Et l'on peut soutenir, en effet, d'après l'ensemble de nos connaissances géologiques, que c'est d'abord dans l'eau de mer qu'a pu se manifester la vie à la surface du globe.

Les renseignements fournis par la géologie sont d'ailleurs fort incomplets. Les plus anciens sédiments ont été soumis à des actions métamorphiques trop intenses pour avoir conservé des traces apparentes de la vie primitive. Ils resteront peut-être éternellement muets. Les plus anciens fossiles recueillis jusqu'ici sont déjà des êtres très différenciés. Ils semblent se rapporter à des époques fort éloignées de celle où les mers primitives ont frémi aux premières manifestations de la vie.

L'étude approfondie des végétaux et des animaux fossiles a sans doute comblé bien des lacunes, révélé bien des formes intermédiaires aux formes précédemment connues. Cependant le transformisme, considéré au sens le plus large, n'a pas, n'aura pas sans doute de longtemps la précision d'un corps de doctrine étayé de preuves expérimentales aussi solides que celles qu'on exige dans les parties les plus anciennes, les mieux assises de la physique.

Si les doctrines relatives à l'origine et aux grandes transformations de la vie sont encore bien incomplètes, a-t-on le droit de s'en étonner, alors que l'étude du protoplasma est encore si rudimentaire, et que les propriétés physico-chimiques des colloïdes, auxquels il se rattache, sont à peine entrevues?

CHAPITRE XVII

La Médecine.

La médecine est probablement aussi vieille que l'humanité. Mais plus longtemps que toute autre science, elle est demeurée un art. Pouvait-il en être autrement ? Les conditions qui déterminent l'état de santé ou de maladie sont liées à l'état d'organes dont la connaissance approfondie se fonde sur l'anatomie, l'histologie, la biologie, sciences modernes, tributaires elles-mêmes des méthodes physico-chimiques dont elles font un usage de plus en plus fréquent. Si la médecine pratique a devancé toutes les sciences, la médecine rationnelle ne saurait en être que le couronnement.

L'impatience légitime de ceux qui souffrent ne pouvait s'accommoder de délais cinquante fois séculaires. D'ailleurs la curiosité hâtive de l'esprit humain veut quand même des solutions à tous les problèmes, sauf à se contenter d'abord de réponses naïves, comme celles qui suffisent aux enfants.

On sera peut-être curieux de savoir comment étaient constituées les théories médicales au temps de Molière. J'emprunterai le texte suivant à la nouvelle chirurgie médicale et raisonnée de Michel Ettmüller, ouvrage estimé, traduit en français en 1681 :

« Voici la mécanique de la suppuration qui arrive au sang épanché. Quand les parties spiritueuses, subtiles et ténues s'échappent et se diffusent, ce qui reste s'épaissit peu à peu et se prend en grumeaux (comme c'est le propre du sang extravasé). A mesure qu'il se corrompt, il contracte une aigreur ou une acidité putride qui excite ensuite une effervescence âcre avec les sels volatils ou huileux du sang même, laquelle venant à s'augmenter, non seulement cause un sentiment de chaleur plus grand dans la partie malade, mais en la gonflant au milieu de sa circonférence, elle la grossit et l'enflamme extraordinairement, ce qui produit une douleur distensive à cause de la tension des parties, accompagnée de pulsations, à cause des artères dont le mouvement est embarrassé. Enfin le sang se convertit en pus par l'acide qui prend presque toujours le dessus aux autres principes, *et c'est ce qui fait paraître le pus blanc ; car tous les alcalis huileux ou sulphureux prennent une couleur blanche quand on les mêle avec un acide, comme il paraît dans le lait de soufre des chimistes.* »

Il faut remarquer, à la décharge d'Ettmüller que les théories des chimistes de l'époque n'étaient guère d'un meilleur aloi. Lémery nous en a fourni des exemples.

La thérapeutique était digne de la théorie. « Pour faire sortir et suppurer aussi proprement que possible un bubon malin, mettez dessus des oignons cuits sur la braize avec de la thériaque et de la suie de four, mêlant le tout ensemble ; ou bien prenez un crapaut pris et tué en un certain temps, ou desséché et macéré dans du vinaigre, appliqués-le tout chaud. »

Les médecins, comme les alchimistes, attribuaient des propriétés merveilleuses aux viscères ou aux excréments des animaux, ainsi qu'à des pratiques mystiques. Malgré les progrès les plus récents de la science, on sait que quelques-unes de ces traditions se retrouvent encore chez les empiriques et les bonnes femmes de village, comme des témoins d'un passé que nous voudrions croire plus lointain.

En dehors de la sénilité proprement dite, les maladies sont liées à quelque altération accidentelle du sang ou des organes. Or, les organes les plus importants sont logés dans des cavités fermées qui, si elles constituent une protection efficace contre les offenses venues de l'extérieur, sont aussi un écran peu perméable à la curiosité du médecin. Celui-ci se laissera donc guider par un ensemble de symptômes toujours quelque peu ambigus. Les plus apparents ne sont pas nécessairement les plus graves. Et quand la nature exacte des lésions serait déterminée, il n'en résulte pas que nous soyons armés pour les guérir.

Qu'on veuille bien songer qu'une découverte aussi fondamentale que celle de la circulation du sang ne date que de la première moitié du XVIIe siècle ; que la nature des échanges respiratoires était inconnue avant Lavoisier ; qu'on discute encore aujourd'hui sur la fonction exacte de telle glande importante ; que la découverte des microbes pathogènes est l'œuvre de Pasteur ; qu'on ne connait qu'un petit nombre de ces organismes ; que parmi ceux-là bien peu ont encore pu être soumis à une étude méthodique au double point de vue de leur évolution et des toxines qu'ils sécrètent.

Les procédés courants de diagnostic se sont long-temps réduits à des observations un peu vagues : celle de la langue, qui renseigne plus ou moins sur l'altération des muqueuses digestives ; celle du pouls, qui caractérise l'état général de la circulation. Le sphygmographe fournit une trace écrite du pouls. Ce n'est encore qu'un instrument de laboratoire ; mais le thermomètre, devenu récemment le principal indicateur de l'état fébrile, a marqué l'intrusion des instruments de mesure dans la pratique médi-cale courante. L'auscultation, déjà ancienne, trouve désormais un adjuvant précieux dans la radiographie. Grâce à elles le praticien relève pour ainsi dire les coordonnées de la région malade. L'analyse physico-chimique des urines est devenue courante. L'électricité, d'un maniement si délicat, se plie aux exigences de la médecine : on dose les volts et les ampères suivant le but à atteindre; on pratique l'électrolyse au sein d'une tumeur. Bref, les méthodes de la physique et de la chimie trouvent, en médecine, des applications de plus en plus fréquentes. Chacune d'elles marque un progrès décisif. Si les médecins continuent, par habitude, à désigner ces sciences et les sciences naturelles elles-mêmes sous le nom de sciences *accessoires*, l'opinion qui tend à s'établir voit en elles les bases solides sur lesquelles devra s'établir la médecine de l'avenir.

Comment s'introduisent les agents morbides? On a soupçonné depuis longtemps que les voies d'accès principales doivent être les orifices ouverts pour la respiration ou pour l'ingestion des aliments, ainsi que pour l'expulsion des déchets de l'organisme. On a aussi admis la contagion par la peau, principalement lorsque quelque traumatisme en a altéré les téguments. Les développements de la microbiologie ont montré l'importance exceptionnelle que peut avoir, sous ce rapport, une simple piqûre d'insecte inoffensif par lui-même, mais qui transporte d'un animal contaminé à un animal sain, un venin, un germe morbide qu'il inocule avec sa trompe, et qui se trouve ainsi introduit directement dans le torrent circulatoire. Mais, d'une manière générale, l'étiologie des maladies est encore peu avancée.

La thérapeutique est donc encore partiellement livrée à l'empirisme. On sait que la quinine est efficace pour combattre les fièvres intermittentes. Cette substance est en usage depuis deux siècles et cependant nous ignorons encore le mécanisme de son action.

Les trois procédés essentiels des médecins de Molière ont eu des fortunes diverses : la saignée est presque tombée en désuétude, tandis que les procédés mécaniques ou chimiques d'action sur le tube digestif ont conservé la faveur.

Les progrès de la chimie ont mis à la disposition des médecins un nombre rapidement croissant de médicaments actifs qui se substituent peu à peu aux extraits impurs tirés des plantes. Mais le progrès le plus saillant réside à coup sûr dans les procédés d'immunisation fournis par la microbiologie. Leur introduction dans la thérapeutique médicale et celle de l'asepsie dans les opérations de chirurgie ont déjà sauvé bien des vies humaines et font concevoir pour l'avenir les plus vastes espérances.

CHAPITRE XVIII

Les Sciences Morales et Politiques.

La science et la morale. — Le déterminisme et la liberté. — La statistique. — La politique. — La méthode historique. — La part du hasard dans l'histoire. — La linguistique. — Le droit. — Le progrès moral.

Nous avons essayé de retracer, en multipliant les exemples relatifs aux sciences les plus avancées, les conditions du développement de nos connaissances. A travers la diversité des objets étudiés, nous avons tâché de montrer l'unité de l'effort par lequel la science s'élève à une compréhension de plus en plus vaste. Toutes les parties de cet ensemble sont intimement liées. Tout progrès réalisé, en quelque point que ce soit, retentit, comme par un mouvement d'onde, jusque dans les régions les plus éloignées du champ de la recherche.

Notre étude a été limitée au monde matériel; mais les méthodes que l'esprit humain a appliquées là avec succès paraissent aussi devoir être fructueuses dans l'étude du monde moral.

L'homme connaît et il agit. Le domaine de la science et celui de l'action, c'est-à-dire de la morale, se complètent et se pénètrent. Mais la conquête de la science est longue et pénible, tandis que nos besoins essentiels, premiers mobiles de nos actes, ne souffrent pas de délais. La règle de l'action, la morale, a donc précédé la science. Mais l'action elle-même devient objet d'une science assez avancée. Il n'est pas téméraire de prévoir le développement d'une morale scientifique.

De même que l'homme a cherché d'abord une solution métaphysique des problèmes relatifs à la matière, les sciences morales et sociales ont aussi tenté de se constituer dans l'ordre purement rationnel, sans rien emprunter à l'expérience. Cette méthode paraît aujourd'hui surannée. Là, comme ailleurs, les faits ont leurs lois qu'une observation suffisamment prolongée permettra de reconnaître.

La morale est liée au bien de l'individu et de l'espèce, à leur conservation, à leur développement. Elle évolue comme la science. D'abord très restreinte, parce que les sollicitations auxquelles l'individu, à demi-sauvage, est soumis sont de nature peu variée et généralement très pressantes, elle s'étend à mesure que, par le développement du groupement social et du bien-être qui en résulte, les besoins se diversifient et, en se multipliant, deviennent moins impérieux. Notre détermination comporte de plus en plus de latitude : le domaine de ce que nous nommons notre *liberté* s'accroît.

En conséquence, la société trace à l'individu des

règles propres à guider, dans l'intérêt commun, son activité de plus en plus variée.

Les lois constituent la part rigoureusement impérative de la morale sociale. L'histoire nous apprend qu'elles ne peuvent être édictées que dans des sociétés déjà avancées. Les peuples primitifs n'ont pas de lois; ils n'ont que des coutumes.

Nous sommes trop portés à ne considérer que notre temps et nos mœurs propres. Ce qui nous paraît *en soi* bon ou mauvais, grâce à notre degré, déjà éminent de civilisation, a pu jadis, peut encore, chez des peuples naïfs, passer pour indifférent. Ce que nous jugeons indifférent sera peut-être, à bon droit, qualifié sévèrement par nos arrière-neveux. Les sauvages qui pratiquent le cannibalisme le regardent à coup sûr comme légitime. L'esclavage, la polygamie, ne sont nullement proscrits par les mœurs dans l'intérieur de l'Afrique ou même en Turquie. Il n'y a pas très longtemps qu'on a songé à créer, en Occident, des sociétés protectrices des animaux : peut-être quelque jour ne parlera-t-on pas sans horreur de nos abattoirs et notre régime carnivore passera-t-il pour un cannibalisme atténué?

On ne songe pas assez à tout ce qu'il y a de relatif dans les institutions d'un peuple. Au patriarcat des peuples pasteurs, les Touareg, peuple guerrier, opposent le matriarcat, qui chez eux est encore en vigueur. Tous les régimes imaginables relatifs à la constitution de la famille, de la propriété individuelle ou collective, du mode de succession, etc., subsistent encore chez des peuplades reléguées longtemps dans un isolement relatif, ou bien ont laissé leurs traces en quelque coin reculé du globe.

A mesure que la civilisation progresse, les lois se multiplient, elles évoluent. Nos codes sont surchargés de dispositions anciennes, dont quelques-unes, ayant perdu leur raison d'être, subsistent comme des déchets d'une civilisation antérieure, non encore éliminés. Le passé ne joue pas un moindre rôle dans la part non codifiée de la morale, celle qui constitue proprement les *mœurs*.

Mais y a-t-il vraiment une base scientifique de la morale? La liberté qu'elle suppose existe-t-elle réellement?

C'est là une question préjudicielle qu'on ne peut ici passer sous silence.

La matière privée de vie nous paraît régie par un déterminisme absolu. En ce qui concerne les êtres vivants, personne ne conteste plus que leur organisme n'obéisse, comme la matière inerte, aux lois de la mécanique, de la physique et de la chimie. Nous sommes soumis à la pesanteur; nos fonctions s'exercent d'une manière compatible avec les principes de la thermodynamique. Les actions physico-chimiques affectant chacune des cellules de notre corps s'accompagnent d'effets déterminés et prévus. Des excitations électriques agissent sur le système nerveux, sur les diverses parties du cerveau et provoquent une réponse qui ne comporte pas d'arbitraire. Tout nous porte donc à penser que des lois bien définies, quoique en majeure partie inconnues, interviennent à tout instant dans la genèse de notre pensée, dans notre activité psychique et morale, avec leur caractère inéluctable de *lois*.

Nos actes sont-ils donc soumis à un déterminisme absolu, excluant la liberté, qui ne serait plus qu'une illusion psychique? C'est une doctrine qui ne manque pas de partisans. Peut-elle invoquer un commencement de preuve expérimentale?

Si, au lieu de considérer un individu, nous étudions l'ensemble des individus composant une agglomération importante, cité ou peuple, la loi des probabilités se montre applicable, au moins en gros, à des actes spécifiques du domaine de la liberté. Ainsi le nombre des mariages, des divorces, des suicides, le rendement d'un impôt sur les pianos ou sur les automobiles, le nombre et l'importance des faillites peuvent être prévus, *d'après les statistiques antérieures*, avec une approximation *peut-être* aussi grande que le nombre des morts naturelles, celui des jours où le vent souffle du midi, ou que telle autre moyenne relative à des événements ou la volonté de l'homme n'a point de part. Un spectateur *étranger à l'humanité* confondrait sans doute ces moyennes dans une même catégorie : il n'acquerrait donc pas la notion de notre liberté.

Cet argument ne me parait pas sans réplique.

J'accorderai volontiers que l'homme, toujours enclin à se mettre au premier plan dans l'univers, se fait une idée excessive de l'importance extrinsèque de ses actes essentiellement volontaires ; qu'il considère comme tels des actes à l'égard desquels sa liberté est singulièrement restreinte par l'habitude acquise, par l'instinct inné, ainsi que par les lois et conventions sociales. Et si nous ne retenons que celles de nos décisions qui ont été délibérées et mûries, je veux bien encore que le résultat en soit aisé à prévoir avec une assez haute probabilité. Qu'est-ce que cela prouve, sinon que les hommes se ressemblent beaucoup au moral comme au physique, que ce sont des épreuves peu différentes, des répliques d'un même type? Ils se décident d'après ce qu'ils croient être leur intérêt ou leur devoir et, leur éducation étant analogue, l'idée qu'ils s'en font ne saurait être très différente. Leurs besoins sont les mêmes, leurs passions aussi. L'expérience leur a d'ailleurs appris quels risques ils courent, quels dommages ils s'exposent à subir, si leur décision va à l'encontre des idées, des mœurs régnantes. Les actes exceptionnels, ceux qui impliquent l'héroïsme ou la dépravation excessive sont rares. Cela se conçoit de reste.

L'état moral et social, c'est-à-dire les lois et les mœurs, n'évoluant que lentement, la différence manifestée d'une année à la suivante par les statistiques ne peut être que faible. Quand des variations importantes se produisent, on en saisit d'ordinaire la raison.

Je me refuse à considérer le facteur *raison* comme annulant la *liberté* humaine.

Si nous savions faire l'analyse du hasard, dont M. Poincaré a donné une esquisse saisissante. nous trouverions sans doute, dans la symétrie approchée des erreurs accidentelles positives ou négatives, l'analogue de la symétrie correspondant à la décision libre. Celle-ci se résout dans chaque cas particulier par l'alternative *oui* ou *non*, avec des chances qui ne sont égales que si l'on s'écarte également de la décision type, correspondant au cas considéré, celle qui serait parfaitement raisonnable eu égard à l'état présent de la société et des mœurs. Nous arriverions ainsi à cette conclusion que l'usage de la liberté simule, extérieurement à nous, l'effet non d'un hasard absolu, mais du hasard superposé à une loi, qui est celle de la raison.

Au reste nos statistiques sont trop récentes, trop élastiques, trop incomplètes pour qu'il soit actuellement possible d'établir, par leur moyen, une loi expérimentale d'erreurs assez approchée ; pour qu'on puisse reconnaître sûrement si le facteur *liberté* introduit ou non un résidu systématique.

En définitive, je ne vois rien qui puisse m'obliger à rejeter le sentiment si net que j'ai de ma décision libre. Il m'est aussi impossible de m'y soustraire que de fermer les yeux à la vérité scientifique et je ne saurais nier l'un au nom de l'autre.

L'acte que je vais accomplir n'est nullement déterminé, tant que je délibère. Divers mobiles, les uns qui se présentent à ma conscience malgré que j'en aie, les autres que j'évoque volontairement, agissent sur moi avec plus ou moins de puissance, jusqu'au moment où, mettant en œuvre comme un déclanchement, je rends volontairement complet le déterminisme organique d'où résultera mon action extérieure.

Dans une foule humaine, il y a, chez les individus qui la composent une série de particularités, revêtant vraiment le caractère accidentel, et celles-ci se compensent et s'éliminent à peu près dans l'action commune. De toutes ces activités plus ou moins discordantes se dégage une résultante évolutive qui détermine le cours des événements. C'est le levain de l'avenir, préexistant dans le passé.

Pas plus dans le monde moral que dans le monde physique il ne semble y avoir de générations spontanées. Les institutions des peuples germent lentement; leur conscience collective se développe à la longue, mais dans un sens bien déterminé, résultant du conflit des circonstances extérieures et de la raison humaine.

Comme la connaissance des lois naturelles assure à l'homme la domination du monde matériel, dont nous apprenons à enchaîner, à réglementer les forces brutales, de même les sciences historiques et morales, en nous faisant mieux connaître l'homme, tel qu'il s'est toujours montré à travers les âges, toujours agité par les mêmes passions afférentes à sa nature, mais toujours guidé par la même raison, nous prépareront à discipliner les instincts des foules, à entraîner les hommes vers les destinées auxquelles ils aspirent.

C'est à la condition d'être familier avec cette sorte d'*histoire naturelle de l'homme moral* que l'on peut arriver à discerner les manifestations plus ou moins indistinctes des aspirations populaires. L'orateur, l'homme d'État parviennent, en incarnant en eux-mêmes l'âme de la foule, à lui révéler, sous une forme précise, ce qu'elle n'apercevait que vaguement, à déduire de ce qu'était hier ce que peut et doit être demain. Quand ils paraissent maîtriser le peuple, c'est en quelque sorte sa propre volonté qu'ils lui imposent, non la leur. Ces hommes sont les expérimentateurs qui manipulent la matière humaine. L'histoire sort de leurs mains, comme la science sort des laboratoires, toute palpitante. A travers les erreurs également commises ici et là, malgré les tâtonnements qu'on n'évite pas plus en matière sociale qu'en chimie ou en physique, la logique des choses finit par triompher. Comme les savants utilisent et étendent les connaissances qui leur ont été transmises, les hommes d'État, consciemment ou non, développent les germes préexistants dans la société qu'ils ont la prétention de régenter. Suivant leur génie, ils peuvent hâter ou retarder de quelques années l'éclosion de tels ou tels germes, heureux ou funestes. Il semble au-dessus de leur pouvoir d'en étouffer complètement aucun.

Saisir la logique immanente des événements, en démêler les lois, c'est encore faire de la physique. Orienter l'humanité vers plus de bonheur, c'est aussi la diriger vers plus de science, et cette proposition est réciproque. L'homme d'État et le savant, s'ils sont bien inspirés, marchent au même but par des voies qui convergent, et qui, à tout prendre, ne sont pas si différentes.

Aux sciences leurs aînées, les sciences morales et politiques empruntent en effet leurs méthodes, ou, pour mieux dire, chacune d'elles s'inspire de ces méthodes pour découvrir la sienne propre, celle qui s'adaptera le mieux à son objet particulier.

S'agit-il de contrôler un texte historique, on recourt de préférence aux écrits contemporains, qu'une tradition infidèle n'a pu altérer. On se sert surtout des monuments de toute espèce dont on a pu recueillir quelques débris : ruines antiques, inscriptions, médailles, etc. Des fouilles sont pratiquées méthodiquement; des musées en réunissent les trouvailles éparses, les classent et deviennent comme des livres ouverts que le public feuillette à son gré. C'est le passé qui se réveille d'un sommeil plusieurs fois millénaire, avec ses arts, ses coutumes, ses bijoux et jusqu'à ses ustensiles familiers, vieux témoins enfouis dans les temples ou dans les tombeaux, qui ont survécu aux révolutions et aux catastrophes où les peuples mêmes ont péri. Nous remontons par le même chemin au delà de l'histoire écrite, jusqu'aux peuplades presque sauvages contemporaines des dernières révolutions géologiques.

L'histoire se réduisait presque, jadis, à une nomenclature de rois et de batailles. Elle devient le tableau des civilisations diverses, de leur développement, des causes profondes qui ont déterminé les migrations des peuples, leurs luttes pour la vie, les progrès ou la décadence de leurs institutions, de leurs arts ou de leurs sciences. De cette étude il ressort qu'on a quelque tendance à exagérer la part de l'arbitraire, des circonstances fortuites dans le cours général des choses. Pascal exagère sans doute l'influence exercée sur la civilisation par la longueur du nez de Cléopâtre. Si Alexandre ou Newton fussent morts au berceau, est-il vraisemblable qu'une collision de l'Occident macédonien et grec avec l'Orient, renouvelée des guerres médiques, eût été beaucoup retardée ou qu'elle eût abouti à un résultat inverse; ou bien que la loi de la gravitation n'eût pas encore été déduite, à l'heure présente, des prémisses posées il y a trois siècles par Kepler ?

Les travaux prématurés d'un savant tombent dans l'oubli. L'empire d'un conquérant est éphémère si sa conquête n'est acceptée que grâce à l'œuvre de paix dans laquelle elle se résout. Il n'y a de réforme durable que celle qui vient à son heure, de loi respectée que celle qui était en puissance dans les mœurs avant d'être édictée.

Le mouvement irrésistible qui entraîne le monde moderne vers la science positive se manifeste également partout. Si l'un des grands professeurs des premières années du xix᷊ siècle, de ceux qui occupaient à la Sorbonne une des chaires d'éloquence ou de poésie, pénétrait aujourd'hui dans les amphithéâtres de la Faculté des lettres, il serait sans doute surpris d'y entendre à tout propos parler de science, et penserait s'être trompé de couloir. Bien qu'ils n'aient guère le loisir de voisiner, les professeurs de lettres se sentent aujourd'hui plus proches des mathématiciens ou des naturalistes. Les pouvoirs publics, par la fondation des Universités, n'ont fait que sanctionner par la loi et contribuer à rendre plus rapide une transformation qui tendait à se réaliser d'elle-même.

L'étude des diverses littératures se rattache à la science par la linguistique, c'est-à-dire par l'analyse du langage considéré dans ses origines, ses transformations, ses lois fondamentales. Le langage est sinon la condition essentielle à la formation de la pensée, du moins l'instrument indispensable pour en préciser les contours, en fixer les nuances, surtout pour la rendre transmissible. De la qualité de cet outil dépend la perfection de toute connaissance acquise. C'est l'instrument primordial pour l'édification de la science.

Par l'étude approfondie des langues et des littératures, nous entrons dans la pensée intime, dans la vie propre des âges disparus. Des savants, des philosophes, des poètes ont écrit et pensé sous ces symboles que nous tâchons de nous approprier. Ainsi seulement nous pouvons espérer saisir le tour exact de la pensée antique, qui, transposée sous nos signes modernes, risque de paraître sans force et sans grâce, comme masquée sous un vêtement d'emprunt.

Depuis quelques années les jeunes philosophes ne se contentent plus de puiser leur érudition dans Platon ou dans Spinoza. Ils ne dédaignent plus de s'initier aux arcanes du calcul intégral. Ils ont appris le chemin des laboratoires, où ils viennent s'inspirer de l'esprit et de la pratique des méthodes expérimentales. Ils n'aspirent à rien moins qu'à renouer la tradition, momentanément interrompue, qui, à travers la Renaissance, va de Bacon jusqu'à Descartes, à Leibnitz et à Newton. Les philosophes ne se distinguaient pas alors des savants, mathématiciens ou expérimentateurs.

Si les philosophes ont fait un pas vers les savants, de leur côté, ceux-ci se montrent plus curieux que par le passé de sonder les principes de leur science, d'en discuter la solidité et la portée. D'une sorte de méfiance et presque de dédain réciproque, on tend à passer à l'entente cordiale et à la collaboration.

L'étude du droit n'est plus restreinte à un sec commentaire des Pandectes ou du code civil. On ne sépare plus les lois de l'histoire qui en éclaire l'origine et le sens. Des doctrines nouvelles, sous le nom de droit maritime, commercial, d'économie politique, de législation sociale et de droit international ont franchi le seuil de nos écoles. L'idée d'arbitrage international, propagée par des juristes, commence à sortir du domaine de l'utopie. La science et l'industrie, appuyées l'une sur l'autre, abaissent ou renversent progressivement les vieilles barrières. Grâce à elles nous devenons progressivement plus conscients des restes de barbarie qui subsistent dans nos mœurs ; nous éprouvons le désir de les voir s'effacer.

On discute pour savoir si la science rend l'homme meilleur, si le progrès moral n'est pas un vain rêve. Ceux auxquels la réponse n'apparaît pas clairement me paraissent victimes d'une erreur de perspective. Comme notre œil grossit les objets tout proches aux dépens des plus éloignés, notre sensibilité amplifié démesurément les maux présents, dont nous souffrons, par rapport aux maux passés, dont nous n'avons cure. Nous les connaissons seulement par ouï dire, et si mal !

D'ailleurs, comme l'équilibre mécanique ne s'établit pas toujours suivant un régime apériodique, l'équilibre social a aussi ses secousses, ses ondes alternativement compressives et dilatantes, malheureusement trop peu amorties. Pour juger sainement du progrès, il ne faut pas trop s'arrêter au seul présent ; il est nécessaire d'embrasser d'un coup d'œil une humanité assez étendue, au sens historique et géographique. Songera-t-on à contester qu'il y a en moyenne plus de bonheur dans nos sociétés actuelles qu'au temps où l'on pratiquait des sacrifices humains ? Dira-t-on que les mœurs se sont corrompues, alors que tel vice contre nature, presque universellement répandu dans l'antiquité grecque et romaine et considéré alors comme indifférent n'apparaît plus dans les temps modernes que comme une monstrueuse exception ? alors que la conscience publique commence à appeler devoir ce qui fut jadis réputé vertu insigne et songe même à réclamer, au nom de la solidarité humaine, contre ce legs charmant d'un passé dont il ne faut pourtant pas trop médire, la charité.

FIN

TABLE DES MATIÈRES

Pages

SECONDE PARTIE

LES SCIENCES PARTICULIÈRES

4776 — Paris. — Imp. Hemmerlé et Cie.

DASTRE (*Professeur de Physiologie à la Sorbonne*)
La Vie et la Mort

Ce livre intéressant entre tous, sera bientôt dans toutes les mains. Ce n'est plus, comme jadis, un poète ou un moraliste qui vient disserter sur la destinée humaine et développer les éternels lieux communs que comporte le sujet. L'auteur de cet ouvrage, M. Dastre, professeur de physiologie à la Sorbonne, est l'un de nos savants les plus originaux et les plus profonds. Son livre traite des questions relatives à la Vie et à la Mort au point de vue de la philosophie et de la science. — Un vol.

FRÉDÉRIC HOUSSAY (*Professeur de Zoologie à la Sorbonne*)
Nature et Sciences naturelles

Ce nouveau livre, accessible à tous les esprits cultivés et réfléchis, a pour noyau la plus originale tentative pour montrer, dans l'édification de la science, la continuité de pensée depuis l'antiquité jusqu'à notre époque. Il contient de plus une philosophie opposant la réalité naturelle aux diverses images scientifiques que l'homme s'en est faites, images que les progrès techniques modifient beaucoup moins dans leurs traits essentiels qu'on ne le croit d'ordinaire. — Un vol.

Dr J. HÉRICOURT. — Les Frontières de la Maladie

Les frontières de la maladie, ce sont les maladies de la nutrition qui commencent, s'installant de façon insidieuse et progressant insensiblement, jusqu'au moment où elles se démasqueront en troubles graves et incurables; ce sont les infections latentes et atténuées qu'on laisse évoluer librement, et qu'on répand autour de soi, d'abord dans sa famille, et puis au dehors; ce sont toutes les maladies qui laissent aux patients les apparences de la santé, et qui, par cela même, sont abandonnées à leur libre évolution dans leur phase maniable par l'hygiène, jusqu'à leur transformation en états graves, contre lesquels la thérapeutique est alors le plus souvent impuissante. — Un vol.

Dr HÉRICOURT. — L'Hygiène moderne

Sous une forme toute nouvelle, et qui n'a rien de commun avec les traités d'hygiène classiques, toujours lourds et touffus, *L'Hygiène Moderne* du Docteur J. Héricourt présente aux lecteurs du grand public un ensemble d'idées générales capables de les guider avec sûreté pour la solution de tous les problèmes concernant la conservation et la protection de leur santé. — Un vol.

FÉLIX LE DANTEC (*Chargé de Cours à la Sorbonne*)
Les Influences Ancestrales

Après avoir, dans une courte introduction, mis en évidence les avantages de la narration historique des faits, l'auteur montre comment, de la seule notion de la continuité des lignées, on conclut sans peine aux principes de Lamarck et Darwin. Le premier livre de l'ouvrage est un véritable résumé de la biologie tout entière. — Un vol.

FÉLIX LE DANTEC
La Lutte universelle

Contrairement à Saint-Augustin qui affirme que les corps de la nature se soutiennent réciproquement et « s'aiment en quelque sorte » M. Le Dantec prétend, dans ce nouveau livre, que l'existence même d'un corps quelconque est le résultat d'une lutte. « Etre, c'est lutter » dit-il et il ajoute aussitôt : « Vivre, c'est vaincre ». — Un vol.

FÉLIX LE DANTEC
L'Athéisme

Voici, nous dit l'auteur, un livre de bonne foi; et, réellement, le ton de l'ouvrage est tel qu'on pourrait se demander, le plus souvent, si l'on est en présence d'un plaidoyer pour l'athéisme ou pour la nécessité d'une foi religieuse. — Un vol.

FÉLIX LE DANTEC
Philosophie du XXᵉ Siècle
★ DE L'HOMME A LA SCIENCE

Les études biologiques de M. Le Dantec, ses efforts pour placer la vie au milieu des autres phénomènes naturels, devaient l'amener à écrire une œuvre de synthèse. — Un vol.

★★ SCIENCE ET CONSCIENCE

Science et Conscience nous est donné par M. Le Dantec comme son dernier livre de Biologie; mais son œuvre considérable ne saurait manquer d'avoir une grande influence sur la pensée moderne. — Un vol.

E. BOINET (*Professeur de Clinique médicale*)
Les Doctrines médicales. — Leur Évolution

La nécessité d'une doctrine directrice s'impose à la médecine, qui est à la fois un art par ses applications et une science par ses moyens d'étude. Les doctrines médicales ont donc une portée pratique et théorique, et leur évolution marque les étapes de la médecine. — Un vol.

ÉMILE PICARD (*Membre de l'Institut, Professeur à la Sorbonne*)
La Science moderne et son Etat actuel

M. PICARD s'est proposé de donner, dans ce volume, une idée d'ensemble sur l'état des sciences mathématiques, physiques et naturelles dans les premières années du xx' siècle. Ces trois cents pages forment une véritable encyclopédie, où sont condensés les résultats positifs les plus importants, en même temps qu'un livre de philosophie scientifique, où les liens qui unissent les diverses sciences sont mis en évidence. — Un vol.

ALFRED BINET (*Directeur du Laboratoire de Psychologie à la Sorbonne*)
L'Ame et le Corps

Depuis quelques années, le vrai problème de l'âme et du corps sollicite de nouveau l'attention du monde savant. M. BINET a voulu montrer que les progrès récents de la psychologie expérimentale ont eu un retentissement sur les spéculations les plus hautes et les plus abstraites de la philosophie. L'analyse de la sensation, de l'image, de l'idée, de l'émotion, telle qu'elle résulte des travaux les plus précis, oblige à poser en termes nouveaux la distinction du physique et du mental. — Un vol.

JULES COMBARIEU (*Chargé de Cours d'Histoire musicale au Collège de France*)
La Musique. — Ses Lois et son Évolution

Dans ce travail, l'auteur s'est placé à un point de vue nouveau, qui n'est pas celui de Marx, de Gevaërt, de Riemann, et des autres grands théoriciens. M. Jules COMBARIEU ne s'est pas contenté d'exposer en langage très clair, avec exemples à l'appui, les *lois* de la musique : il les explique, en rattachant un état donné de l'art et de la théorie à l'état correspondant de la vie sociale; de plus, il montre que la musique, tout en étant la forme la plus libre de la pensée, est en harmonie avec les lois fondamentales de la nature. — Un vol. illustré.

Dr GUSTAVE LE BON. — L'Évolution de la Matière

Cet ouvrage présente un intérêt scientifique et philosophique considérable. L'auteur y a développé les recherches nombreuses que sous ces titres : *La Lumière Noire, La Dématérialisation de la Matière*, etc., il a publié depuis plusieurs années. On sait qu'elles ont eu en France et surtout à l'étranger un retentissement énorme. Il a montré que, contrairement à une croyance bien des fois séculaire, la matière n'est pas éternelle et peut être détruite sans retour, qu'elle est le siège d'une énergie colossale insoupçonnée jusqu'ici et dont l'intensité est telle que la dissociation complète d'une pièce de 1 centime représenterait autant d'énergie qu'on pourrait en obtenir en brûlant 68.000 francs de houille.

Les expériences sur le radium et leur analyse critique forment un des chapitres intéressants de l'ouvrage. On y voit que tous les corps de la nature possèdent les mêmes propriétés que le radium bien qu'à un degré moindre. — Un vol. illustré de 62 gravures photographiées au laboratoire de l'auteur.

Dr GUSTAVE LE BON. — L'Évolution des Forces

Ce livre est consacré à développer les conséquences des principes exposés par Gustave LE BON dans son ouvrage l'*Evolution de la Matière*, dont le 15e mille a paru récemment. — Un vol. illustré de 42 figures.

LUCIEN POINCARÉ (*Inspecteur général de l'Instruction publique*)
La Physique moderne. — Son Évolution
Ouvrage couronné par l'Académie des Sciences

L'auteur a pensé qu'il serait utile d'écrire un livre où, tout en évitant d'insister sur les détails techniques, il ferait connaître, d'une façon aussi précise que possible, les résultats si remarquables qui, depuis une dizaine d'années, sont venus enrichir le domaine de la physique et modifier profondément les idées des philosophes aussi bien que celles des savants. — Un vol.

LUCIEN POINCARÉ. — L'Électricité

Dans ce volume, M. Lucien POINCARÉ étudie les modes de production et d'utilisation des courants électriques et les principales applications qui appartiennent au domaine de l'électrotechnique.

L'auteur s'adresse au public éclairé qui s'intéresse aux progrès des sciences et lui présente, sous une forme très simple et facilement accessible, un tableau fidèle de l'état actuel de l'électricité. — Un vol.

HENRI LICHTENBERGER (*Maître de Conférences à la Sorbonne*)
L'Allemagne moderne. — Son Évolution

La science allemande s'est efforcée, depuis quelques années surtout, en de nombreuses publications individuelles ou collectives, de dresser le bilan du siècle écoulé. Il a semblé qu'il pouvait être intéressant de présenter au public français, sous une forme aussi simplifiée que possible et dans un esprit de stricte impartialité, quelques-uns des résultats généraux de cette vaste enquête. Dans cet ouvrage on a donc essayé de donner, en quatre livres, un tableau sommaire de l'évolution économique, politique, intellectuelle, artistique de l'Allemagne moderne. — Un vol.

ERNEST VAN BRUYSSEL (*Consul général de Belgique*)
La Vie sociale. — Ses Évolutions

Ce livre expose dans son ensemble toute l'histoire de l'humanité. Il a pour but l'étude des idées sociales dès leur origine et à travers leurs évolutions, durant la succession des siècles. Écrit largement, d'une synthèse claire et rigoureuse, il nous met, par une analyse raisonnée, en face de l'immense progrès qu'a réalisé l'esprit de l'homme dans le sens de la conquête de sa liberté matérielle et intellectuelle, simplement en exposant les faits ainsi qu'ils se sont succédé. C'est une leçon encyclopédique et à la fois un enseignement moral d'une haute portée. — Un vol. in-18.

GASTON BONNIER (*Membre de l'Institut, Professeur à la Sorbonne*)
Le Monde végétal

L'ouvrage que vient de rédiger M. Gaston Bonnier n'est pas, à proprement parler, un livre de Botanique.

Dans *Le Monde Végétal*, l'auteur, avant tout, expose les faits qui éclairent la philosophie des sciences naturelles ; il y passe en revue la succession des idées que les savants ont émises sur les végétaux ; il les commente et il les discute. — Un vol. illustré de 250 figures.

COLONEL BIOTTOT
Les Grands Inspirés devant la Science
JEANNE D'ARC

Cette œuvre s'adresse également aux penseurs et aux simples curieux d'une explication scientifique de Jeanne d'Arc, l'héroïne du patriotisme. — Un vol.

L. DE LAUNAY (*Professeur à l'École des Mines*)
L'Histoire de la Terre

Ecrire un ouvrage de géologie, sans termes rébarbatifs, sans mots latins, sans énumérations fastidieuses, sans termes techniques, sans figures ; faire une *Histoire de la Terre*, qui soit, à proprement parler, une Histoire, c'est-à-dire qui raconte simplement les faits du passé dans leur succession chronologique et qui ne devienne pas, pour cela, un roman, tel est le but difficile que s'est proposé M. De Launay. — Un vol.

L. DE LAUNAY
La Conquête minérale

Le but de cet ouvrage est d'étudier le rôle industriel, économique, social et politique de cette richesse minérale dans l'histoire, en indiquant l'évolution subie, aussi bien dans la conception de sa propriété, que dans son mode de découverte, d'extraction et d'application dans l'industrie. — Un vol.

CHARLES DEPÉRET (*Doyen de la Faculté des Sciences de Lyon*)
Les Transformations du Monde animal

Ce livre est destiné à exposer ce que nous savons, à l'heure actuelle, des lois qui ont présidé aux incessantes transformations du monde animal, depuis l'apparition de la vie sur le globe jusqu'à nos jours. — Un vol.

E.-A. MARTEL
L'Évolution souterraine

Pour offrir le tableau réduit mais complet des phénomènes révolus sous l'écorce terrestre, l'auteur a dû tenter en même temps la synthèse des travaux accomplis par d'innombrables chercheurs souterrains dans les plus divers ordres d'idées. Il montre ainsi le rôle capital de la fissuration de la planète dans l'évolution grandiose et continue de la Terre. — Un vol. illustré de 80 belles gravures.

ÉMILE BOUTROUX (*Membre de l'Institut*)
Science et Religion
DANS LA PHILOSOPHIE CONTEMPORAINE

Etude critique des principales solutions que reçoit actuellement, parmi les hommes qui réfléchissent, le problème des rapports de la religion et de la science. Il n'est plus possible aujourd'hui, à un homme qui participe au mouvement intellectuel de son milieu et de son temps, de s'en tenir à la commode solution dite de la cloison étanche. Religion et science interfèrent nécessairement, et l'heure vient où elles ne subsisteront ensemble dans une même conscience que si un accord rationnel s'établit entre elles. — Un vol.

M. MACH (*Professeur à l'Université de Vienne*)
La Connaissance et l'Erreur
Traduction du Dr DUFOUR (*Professeur à la Faculté de Nancy*)

M. MACH est un physicien dont la pensée a été fortement influencée par la théorie de l'évolution. Il envisage la vie psychique et notamment le travail scientifique comme un aspect de la vie organique, et il en cherche les origines profondes dans les exigences biologiques. Selon lui, le but de la science est de mettre de l'ordre dans les données sensibles, et de chercher avec toute *l'économie de pensée* possible les relations de dépendance qui existent entre nos sensations. — Un vol.

JEAN CRUET (*Docteur en droit, Avocat à la Cour d'appel*)
La Vie du Droit
ET L'IMPUISSANCE DES LOIS

Cet ouvrage examine s'il n'y a pas, contre le droit du législateur et à côté de lui, un droit du juge et un droit des mœurs. Il convient d'apporter au moule dans lequel doit être coulée la pensée législative, certaines retouches ou corrections. Le législateur ne devrait pas promettre ce qu'il ne saurait tenir.

EN PRÉPARATION :

GUILLAUME DUBUFE. — **Le Témoignage de l'Art.**
ABEL REY. — **La Philosophie moderne.**
BOUTY. — **La Vérité scientifique, sa poursuite.**
EDMOND PICARD. — **Le Droit pur.**

4782. — Paris. — Imp. Hemmerlé et Cie. (4-08).